Ingenieurbauten 7

Theorie und Praxis

Herausgegeben von
Konrad Sattler, Graz
Peter Stein, Wien

1976

Springer-Verlag
Wien New York

Traglast und Gebrauchslast bei Verbundkonstruktionen

(Spannbeton und Stahlträgerverbund)

Helmut Adelsberger

1976

Springer-Verlag
Wien New York

Dipl.-Ing. Dr. techn. Helmut Adelsberger
Technische Universität Graz, Institut für Baustatik

Mit 92 Abbildungen

Library of Congress Cataloging in Publication Data. Adelsberger, Helmut, 1948-. Traglast und Gebrauchslast bei Verbundkonstruktionen (Spannbeton und Stahlträgerverbund). (Ingenieurbauten: Theorie und Praxis, 7). Bibliography: p. 1. Prestressed concrete construction. 2. Reinforced concrete construction. 3. Strains and stresses. I. Title. II. Series: Ingenieurbauten; 7. TA 683.9. A 33. 624'.1834. 76-25605

ISBN-13: 978-3-7091-8461-5   e-ISBN-13: 978-3-7091-8460-8
DOI: 10.1007/978-3-7091-8460-8

Herrn em. o. Prof. Dipl.-Ing. Dr. techn. Dr. techn. h. c. Konrad Sattler
gewidmet

Vorwort

Im allgemeinen ist die Einhaltung zulässiger Spannungen unter Gebrauchslasten kein Kriterium für die tatsächliche Tragsicherheit einer Konstruktion. Seit längerem wird in verschiedenen internationalen Gremien der Sicherheitsbegriff diskutiert, wobei der Traglastberechnung wachsende Bedeutung zukommt. Diese Betrachtungen haben verschiedentlich bereits ihren Niederschlag in Normen gefunden. Das vorliegende Buch zeigt im wesentlichen ein allgemein anwendbares Verfahren zur Traglastberechnung im Bereich des Stahl-, Beton-, Spannbeton- und Verbundbaues.

Die Anregung zu diesem Thema verdanke ich meinem hochverehrten Lehrer, Herrn em. o. Prof. Dipl.-Ing. Dr. techn. Dr. techn. h. c. KONRAD SATTLER, bis September 1975 Vorstand des Instituts für Baustatik an der Technischen Universität Graz. Er hat es mir auch ermöglicht, die Arbeit und das zugehörige Rechenprogramm „CONMIX" in der Reihe „Ingenieurbauten — Theorie und Praxis" zu veröffentlichen. Ihm widme ich dieses Buch in aufrichtiger Dankbarkeit.

Danken möchte ich auch dem Ordinarius für Stahlbeton- und Massivbau, Herrn o. Prof. Dipl.-Ing. Dr. techn. FRITZ BAUER, für die Begutachtung und dem jetzigen Vorstand des Instituts für Baustatik, Herrn o. Prof. Dipl.-Ing. Dr. techn. PETER KLEMENT, für die Unterstützung während der Fertigstellung des Manuskriptes.

Schließlich gilt mein Dank auch dem Springer-Verlag in Wien für die Drucklegung dieser Arbeit.

Graz, im Juli 1976

HELMUT ADELSBERGER

<u>EINLEITUNG</u>

Das bisher vorwiegend angewandte Gebrauchslastverfahren beruht
darauf, nachzuweisen, daß unter Gebrauchslasten nirgends im
Tragwerk zulässige Spannungswerte überschritten werden. Es ver-
liert seine Aussagekraft über die Sicherheit der Konstruktion,
sobald kein proportionaler Zusammenhang zwischen äußeren Belastungen und inneren Spannungen besteht.

Vor allem in den letzten Jahren wurde auf internationaler Ebene
der Sicherheitsbegriff neu überdacht, wobei wahrscheinlichkeits-
theoretische Betrachtungen angestellt wurden. Diese Entwicklungen sind noch nicht abgeschlossen; es scheint sich eine semi-
probabilistische Betrachtungsweise herauszukristallisieren, die
zur Anwendung von Ponderationskoeffizienten führt.

Im Zusammenhang damit begann sich das im Bereich des Betonbaues
schon lange gebräuchliche Traglastverfahren - siehe z.B. RÜSCH
[1], LEONHARDT [2] und die dort angeführten Literaturhinweise -
auch in anderen Disziplinen des konstruktiven Ingenieurbaues
durchzusetzen. Dabei wird die mit einem Faktor ν gesteigerte
Belastung mit einem kritischen Zustand des Tragwerks verglichen.
Eine umfassende Theorie der Traglastberechnung von Systemen,
insbesondere des Stahlbaues, stammt von NEAL [3]. In diesem Zusammenhang sei auch auf [4] verwiesen.

Auf dem Gebiet des Verbundbaues liegt eine diesbezügliche Arbeit
von STARK [5] vor.

Es war die Hauptaufgabe der vorliegenden Arbeit, die Methoden
der Traglastberechnung auf eine einheitliche Grundlage zu stellen und systematisch für die Anwendung auf alle Arten von Verbundkonstruktionen aufzubereiten - einschließlich Spannbeton.

Im ersten Kapitel werden die grundlegenden Materialgesetze und Vorschriften angegeben. Für den Stahl im Druckbereich werden in Abhängigkeit von der Schlankheit reduzierte Arbeitslinien entwickelt, mit deren Hilfe die Stabilität von Stahlträgeruntergurten bei der Berechnung der Grenztragfähigkeit mitberücksichtigt werden kann. Ferner werden im Hinblick auf Gebrauchslastenzustände die neuen Erkenntnisse über Schwinden und Kriechen des Betons entsprechend dem Vorschlag von RÜSCH und JUNGWIRTH [1] und [14] angeführt. Eine knapp gehaltene Formelzusammenstellung über die Ermittlung der Querschnittswerte beschließt das erste Kapitel.

Im zweiten Kapitel werden Gebrauchslastenzustände behandelt. Die Formeln nach SATTLER [6] und KUNERT [7] für die Berechnung von Verteilungs- und Umlagerungsgrößen sind in einer für die elektronische Berechnung aufbereiteten Form angegeben. Schließlich wird ein Dimensionierungsverfahren für gebräuchliche Spannbetonquerschnitte gezeigt, das dem von LEONHARDT [2] entwickelten ähnlich ist, jedoch ein genaueres Abschätzen des Einflusses von Schwinden und Kriechen ermöglicht.

Im dritten Kapitel wird die Ermittlung der Grenztragfähigkeit von Querschnitten gezeigt. Die Einführung der Begriffe "Primär"- und "Sekundärzustand" sowie "resultierender Grenzzustand" ermöglicht eine einheitliche Berücksichtigung von Vordehnungszuständen in allen Arten von Verbundkonstruktionen. Die Anteile von Beton, Stahlträger, Bewehrungsstahl und Spannstahl an der Grenztragfähigkeit werden zuerst voneinander getrennt betrachtet und anschließend superponiert. Methoden zum Auffinden der Nullinie sowie Überlegungen über die Traglastberechnung von Systemen beschließen dieses Kapitel.

Die Anwendung der theoretischen Entwicklungen wird jeweils durch Zahlenbeispiele erläutert.

Im vierten und letzten Kapitel werden die Auswirkungen des Traglastverfahrens untersucht. Dazu werden Zahlenbeispiele betrachtet, in denen für Stahlträgerverbundquerschnitte im positiven und negativen Momentenbereich sowie für Spannbetonquerschnitte u.a. die Spannungen angegeben sind, die sich aus einer Belastung mit der durch den Sicherheitskoeffizienten dividierten Grenztragfähigkeit ergeben.

Die umfangreichen Berechnungen, deren Ergebnisse zum Teil in
den Zahlenbeispielen angegeben sind, wurden am Rechenzentrum
Graz durchgeführt. Der FORTRAN-Text des dazu vom Verfasser er-
stellten Programms "CONMIX" (CONstructions MIXtes) und der zugehörigen Unterprogramme ist in einer überarbeiteten Fassung im
Anhang wiedergegeben. Mit diesem Programm können Querschnittswerte und Spannungen unter Gebrauchslasten von beliebigen Verbundquerschnitten sowie deren Grenztragfähigkeit unter Berücksichtigung von Vordehnungen ermittelt werden.

I. ALLGEMEINE GRUNDLAGEN, WERKSTOFFEIGENSCHAFTEN UND NORMEN

In den Abschnitten I.A und I.B werden die elastischen, plastischen und thermischen Eigenschaften der für Verbundtragwerke in
Betracht kommenden Werkstoffe beschrieben und zum Teil durch
Diagramme dargestellt. Dem werden die in verschiedenen Richtlinien und Normen angegebenen idealisierten Materialgesetze gegenübergestellt, die als Grundlage praktischer Berechnungen verwendet werden können, weil sie bei erträglichem Rechenaufwand
zu naturnahen Ergebnissen führen. In I.A.2 wird die Entwicklung
fiktiver schlankheitsabhängiger Arbeitslinien gezeigt, mit denen
die Stabilität von Stahlträgerteilen bei der Berechnung der Grenztragfähigkeit berücksichtigt werden kann.

Im Abschnitt I.C werden die Probleme der Schubübertragung zwischen
den Teilquerschnitten behandelt, wobei insbesondere auf die Ver-
dübelung mit Kopfbolzen eingegangen wird.

Schließlich sind in Abschnitt I.D Formeln für die Ermittlung der
Querschnittswerte angegeben, die für die Gebrauchs- und Traglastberechnung benötigt werden.

Bezüglich der für Gebrauchslastenzustände zulässigen Spannungen
wird auf die entsprechenden Normen verwiesen. Dehnungsbeschränkungen für den Traglastzustand sind für die verschiedenen Querschnittsfasern in den nachfolgenden Abschnitten angeführt.

An dieser Stelle sei auf die grundlegende Bedeutung der Probleme
der Sicherheit von Konstruktionen hingewiesen. In vielen Vorschriften werden einerseits zulässige Spannungen für Gebrauchslastenzustände und andererseits Laststeigerungsfaktoren ν für
Traglastuntersuchungen angegeben. Umfangreiche internationale
Forschungen [1],[8] auf wahrscheinlichkeitstheoretischem Gebiet

werden voraussichtlich zu einer semiprobabilistischen Betrachtungsweise führen [9]. Dabei sollen Ponderationskoeffizienten einerseits Lasterhöhungen, andererseits Belastbarkeitsabminderungen, bedingt durch Festigkeitsverminderungen und Imperfektionen, berücksichtigen.

Im Rahmen dieser Arbeit werden derzeit gültige Normen bei der Traglastberechnung berücksichtigt. Bei allfälligen Änderungen der Vorschriften kann sinngemäß vorgegangen werden.

I.A   Stahl

Entsprechend den verschiedenen Konstruktionsgliedern aus Stahl kommen bei Verbundkonstruktionen drei Gruppen von Stählen in Frage, und zwar:

a) gewöhnliche Baustähle (Bleche, Walzprofile, ...) Index s
b) Bewehrungsstähle (Torstahl, Bi-Stahl, ...)   Index e
c) Spannstähle, Litzen, Seile   Index z

Für den Gesamtquerschnitt aus verschiedenen Stahlanteilen wird der Index f verwendet.

I.A.1   Arbeitslinien

Die Arbeitslinien für die verschiedenen Stähle können als bekannt vorausgesetzt werden. Sie werden in der Regel aus dem Zugversuch erhalten. Bezüglich der Stahlgruppen b) und c) sei auch auf [2] verwiesen. Der Berechnung werden für alle Stähle vereinfachend bilineare Arbeitslinien zugrunde gelegt, wobei im allgemeinen die rechnerischen Fließspannungen β_s, β_e, β_z im Zug- und Druckbereich als betragsmäßig gleich angenommen werden. Sind jedoch für bestimmte Bereiche des Stahlträgers Stabilitätsprobleme zu beachten, so werden aus Rechnungsgründen im Druckbereich reduzierte Fließspannungen β_s' eingeführt, wie dies im Abschnitt I.A.2 entwickelt wird.

Bei den Stählen der Gruppe a) handelt es sich in der Regel um naturharte Stähle, für die die Annahme der bilinearen Arbeitslinie innerhalb des in Frage kommenden Dehnungsbereiches sehr gut zutrifft (z.B. Abb. I.1).

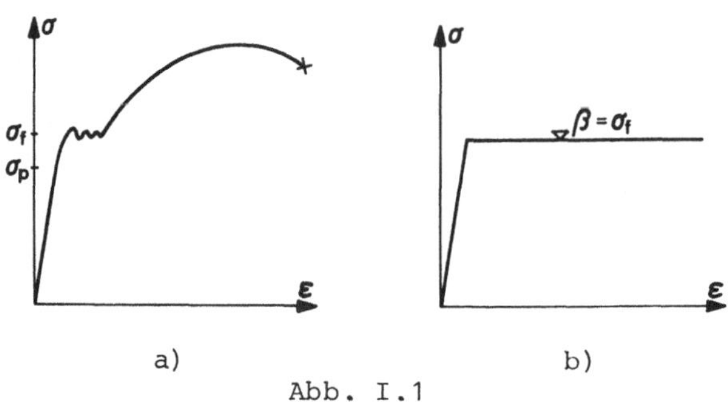

a)   b)

Abb. I.1

Für kaltverformte bzw. vergütete Stähle (Abb. I.2 a) wird die
$\beta_{0.2}$-Grenze als Fließgrenze der Rechnung zugrunde gelegt (Abb.
I.2 b). Die Auswirkung dieser Vereinfachung gegenüber den wirk-
lichen Arbeitslinien auf die rechnerische Grenztragfähigkeit ist
tolerabel.

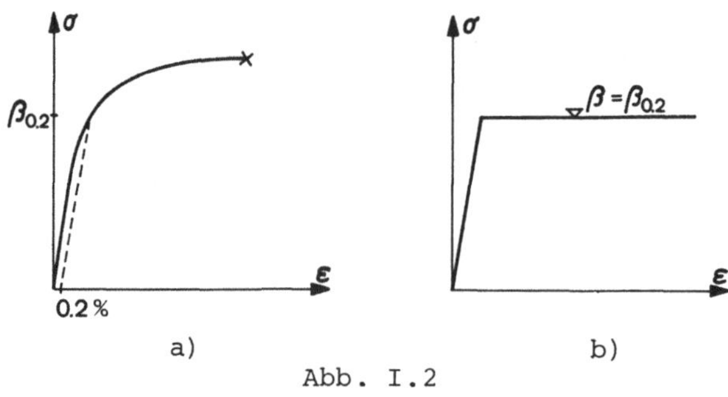

a)   b)

Abb. I.2

Den Stählen der Gruppen a) und b) wird einheitlich ein Elastizitätsmodul $E_s = E_e = E = 2100$ Mp/cm^2 zugeordnet. Die Werte E_z
der Elastizitätsmoduli der Spannglieder sind den Vorschriften
bzw. Zulassungsbedingungen zu entnehmen.

I.A.2 Reduzierte Arbeitslinien (Stabilität)

In den Normen wurden bisher verschiedenen Schlankheitsgraden λ
unterschiedliche Knicksicherheiten zugeordnet. Bei der Stabili-
tätsuntersuchung ganzer Systeme, die sowohl Zugstäbe als auch
Druckstäbe verschiedener Schlankheiten enthalten können, hat es
sich als zweckmäßig gezeigt, mit einer einheitlichen fiktiven
Sicherheit für das ganze System zu rechnen. Dies wurde möglich
durch die Einführung fiktiver E-Moduli E* bzw. Knickmoduli T*
[1o], [11].

Ähnliche Betrachtungen werden dieser Arbeit bei der Traglastberechnung zugrunde gelegt, wenn einzelne Bereiche des Stahlträgers knickgefährdet sind, d.h. Schlankheiten $\lambda > 0$ aufweisen
(z.B. Untergurte im Bereich negativer Momente).

Durch Einführung reduzierter Fließspannungen $\beta_s'(\lambda)$ in Verbin-
dung mit zugeordneten Dehnungsbeschränkungen $\varepsilon_u(\lambda)$ kann wieder
mit einer einheitlichen Sicherheit für alle Querschnitte eines
Systems gerechnet werden. Da jeder Schlankheit eine fiktive reduzierte bilineare Arbeitslinie zugeordnet wird, bleibt die
Durchführung der Traglastberechnung gleich.

Entwicklung der reduzierten Arbeitslinien:

Im ersten Schritt werden für den Grenzfall $\lambda = 0$ und für den
EULER-Bereich $\lambda \geq \lambda_p$ die Zahlenpaare $\left\{\beta_s'(\lambda), \varepsilon_u(\lambda)\right\}$ angegeben.
Anschließend werden für den plastischen Bereich $0 < \lambda < \lambda_p$ Inter-
polationsformeln entwickelt.

Die Proportionalitätsgrenze wird zu

$$\beta_{s,p} = 0.8 \ \beta_s \qquad\qquad\qquad (I.1)$$

angenommen. Nach EULER gilt

$$\beta_{s,p} = \frac{\pi^2 E}{\lambda_p^2}, \qquad\qquad\qquad (I.2)$$

woraus sich die Grenzschlankheit zu

$$\lambda_p = \pi\sqrt{\frac{E}{\beta_{s,p}}} = \pi\sqrt{\frac{E}{0.8 \ \beta_s}} \qquad\qquad\qquad (I.3)$$

ergibt.

<u>$\lambda = 0$:</u>

Dieser Fall schließt Stabilitätsversagen aus. Es gilt die nor-
male Fließspannung bei unbeschränkter Dehnung, sowie der allgemeine Sicherheitskoeffizient ν_F der Traglastberechnung.

$$\beta_s'(0) = -\beta_s \qquad\qquad\qquad (I.4)$$

$$\varepsilon_u(0) = -\infty \qquad\qquad\qquad (I.5)$$

$\underline{\lambda \cong \lambda_p}$:

Für den EULER-Bereich gilt:

$$\sigma_{k,i} = - \frac{\pi^2 E}{\lambda^2} \tag{I.6}$$

und

$$\varepsilon_{k,i} = \frac{\sigma_{k,i}}{E} \tag{I.7}$$

In diesem Bereich gilt der höhere Sicherheitskoeffizient ν_E (EULERsicherheit). Damit die formale Rechnung mit dem Koeffizienten ν_F erfolgen kann, müssen diese Werte im Verhältnis ν_F/ν_E abgemindert werden, und man erhält:

$$\beta'_s(\lambda) = -\frac{\pi^2 E}{\lambda^2} \cdot \frac{\nu_F}{\nu_E} \tag{I.8}$$

und

$$\varepsilon_u(\lambda) = \frac{\beta'_s(\lambda)}{E} \tag{I.9}$$

Für die Grenzschlankheit $\lambda = \lambda_p$ ergibt sich daraus unter Berücksichtigung von (I.1) und (I.2)

$$\beta'_s(\lambda_p) = \beta'_{s,p} = -\beta_{s,p} \frac{\nu_F}{\nu_E} = -o.8 \; \beta_s \cdot \frac{\nu_F}{\nu_E} \tag{I.1o}$$

und

$$\varepsilon_u(\lambda_p) = \varepsilon_{u,p} = \frac{\beta'_{s,p}}{E} = - \frac{o.8 \; \beta_s}{E} \cdot \frac{\nu_F}{\nu_E} \tag{I.11}$$

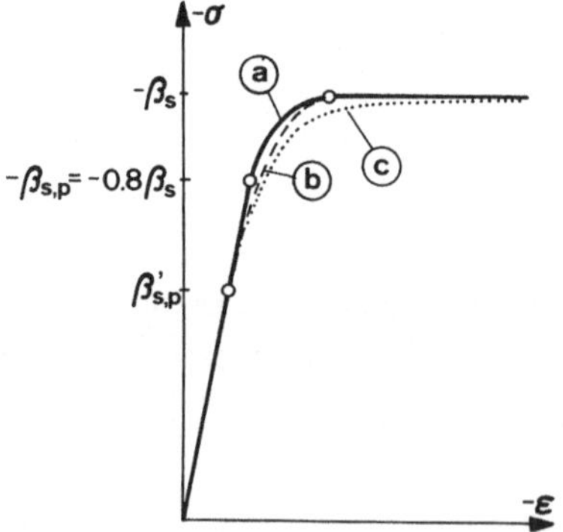

Abb. I.3

Ist die Arbeitslinie nach Abb. I.3, Kurve a, gegeben, so wäre
diese entsprechend dem reduzierten Wertepaar $\left\{\beta'_{s,p}, \varepsilon_{u,p}\right\}$ in die
Kurve b zu transformieren. Stattdessen wird für die Wertepaare
$\left\{\beta'_s(\lambda), \varepsilon_u(\lambda)\right\}$ des plastischen Bereiches eine Interpolations-
kurve c angegeben, die stetig und ohne Knick an die Gerade
$\left\{\beta'_s(\lambda), \varepsilon_u(\lambda)\right\}$ des EULER-Bereiches anschließt und für $\lambda = \lambda_p$
die in (I.4) und (I.5) festgehaltenen Grenzwerte erreicht.

Für die Interpolation der reduzierten Fließspannungen $\beta'_s(\lambda)$
können die ω-Zahlen aus der DIN 4114 verwendet werden. Mit

$$\omega_p = \omega(\lambda_p) \tag{I.12}$$

erhält man

$$\beta'_s(\lambda) = -\frac{\beta_s}{\omega(\lambda)}\left[\frac{\lambda}{\lambda_p}\left(0.8\ \omega_p\ \frac{\nu_F}{\nu_E} - 1\right) + 1\right] \tag{I.13}$$

Für die zugehörigen Dehnungsbeschränkungen $\varepsilon_u(\lambda)$ wird zweckmäßig ein Ansatz der Form

$$\varepsilon_u(\lambda) = \frac{k_\varepsilon}{\lambda} \tag{I.14}$$

gewählt. Der Faktor k_ε ergibt sich aus der Randbedingung für
$\lambda = \lambda_p$ mit (I.3) und (I.11) zu

$$k_\varepsilon = -\pi\ \frac{\nu_F}{\nu_E}\sqrt{\frac{0.8\ \beta_s}{E}} \tag{I.15}$$

Damit wird

$$\varepsilon_u(\lambda) = -\frac{\pi}{\lambda}\cdot\frac{\nu_F}{\nu_E}\sqrt{\frac{0.8\ \beta_s}{E}} \tag{I.16}$$

Mit $\nu_F = 1.7$ und $\nu_E = 2.5$ erhält man z.B. für St 37 und St 52
die Wertepaare $\left\{\beta'_s(\lambda), \varepsilon_u(\lambda)\right\}$ nach der folgenden Tafel:

St 37			St 52		
$\beta_s = 2.4oo,\ \lambda_p = 1o3.9$			$\beta_s = 3.6oo,\ \lambda_p = 84.8$		
$k_\varepsilon = o.o646$			$k_\varepsilon = o.o791$		
λ	ε_u	β'_s	λ	ε_u	β'_s
$[-]$	$[^o/_{oo}]$	$[\,\mathrm{Mp/cm^2}\,]$	$[-]$	$[^o/_{oo}]$	$[\,\mathrm{Mp/cm^2}\,]$
o	$-\infty$	$-2.4oo$	o	$-\infty$	$-3.6oo$
1o	$-6.46o$	-2.388	1o	$-7.91o$	$-3.53o$
2o	$-3.23o$	-2.342	2o	-3.955	-3.423
3o	-2.153	-2.272	3o	-2.637	-3.282
4o	-1.615	-2.168	4o	-1.978	$-3.o73$
5o	-1.292	$-2.o57$	5o	-1.582	-2.868
6o	$-1.o77$	-1.928	6o	-1.318	-2.614
7o	$-o.923$	-1.791	7o	$-1.13o$	-2.342
8o	$-o.8o8$	$-1.64o$	8o	$-o.989$	$-2.o75$
9o	$-o.718$	-1.497	84.8	$-o.933$	-1.959
1oo	$-o.646$	-1.357			
1o3.9	$-o.622$	$-1.3o6$			
Für Zwischenwerte von λ sind die Werte $\varepsilon_u(\lambda)$ und $\beta'_s(\lambda)$ durch lineare Interpolation gegeben.					

Die Wertepaare $\left\{\beta'_s(\lambda),\ \varepsilon_u(\lambda)\right\}$ ergeben eine idealisierte, reduzierte Arbeitslinie (Abb. I.3, Kurve c) bzw. (Abb. I.4). Für die
praktische Rechnung ist diese für jedes Wertepaar $\left\{\beta'_s(\lambda),\ \varepsilon_u(\lambda)\right\}$
durch eine bilineare Arbeitslinie (Abb. I.5) zu ersetzen. Diese
Vorgangsweise ist aus Abb. I.4 und Abb. I.5 für einen Wert $\lambda = \lambda^*$
zu erkennen. Für $\lambda \geqq \lambda_p$ entfällt der horizontale Ast (Abb. I.6).

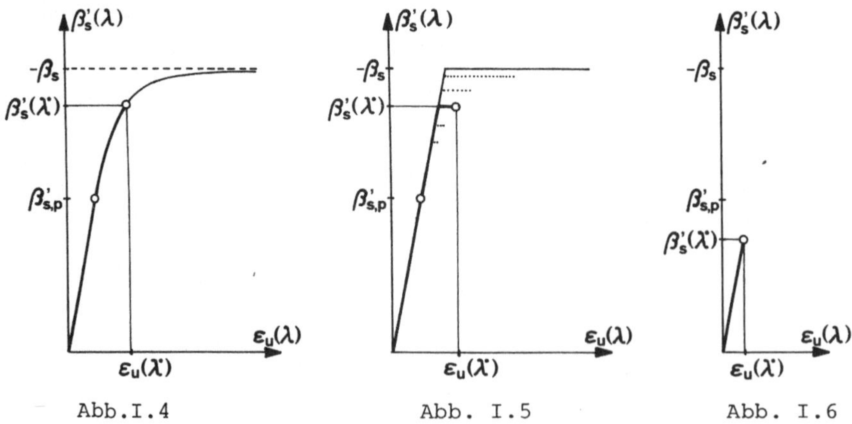

Abb. I.4   Abb. I.5   Abb. I.6

Statt der ω-Werte können je nach den Vorschriften andere ähnliche Betrachtungen zu reduzierten Arbeitslinien führen.

Der vorgeschlagene Weg ermöglicht einen wirklichkeitsnahen Traglastnachweis unter Beachtung der Krümmung der Arbeitslinie oberhalb der Proportionalitätsgrenze, wobei ein getrennter Stabilitätsnachweis - wie er verschiedentlich gefordert wird - entfallen kann.

Im Kapitel IV wird die praktische Auswirkung dieser Annahmen an Hand von Zahlenbeispielen gezeigt.

I.A.3 Wärmeausdehnungszahl

Die Wärmeausdehnungszahl wird für alle Stähle mit

$$\alpha_T = 12 \cdot 10^{-6}$$

angenommen.

I.A.4 Das Kriechen der Stähle

Unter hohen Spannungen zeigen alle Stähle eine gewisse zeitabhängige Verformung, die (wie beim Beton) Kriechen genannt wird. Unter Gebrauchslasten ist das Stahlkriechen im allgemeinen so unbedeutend, daß es nur ausnahmsweise, z.B. bei gewissen Spannstahlsorten berücksichtigt zu werden braucht. Bezüglich des Kriechverhaltens von Spannstählen sei auf deren Zulassungen sowie auf [2] hingewiesen.

I.A.5 Zulässige Spannungen für den Gebrauchslastenzustand

Bezüglich der für Gebrauchslastenzustände zulässigen Spannungen sei auf die jeweils gültigen Normen bzw. auf [12] hingewiesen.

I.A.6 Dehnungsbeschränkungen für den Traglastzustand

a) Stahlträger:

Entsprechend den Richtlinien für Stahlverbundträger [12] sind im Zugbereich unbegrenzte Dehnungen, im Druckbereich die Dehnung

der Fließgrenze $\varepsilon_u = -\beta_s/E$ einzuhalten, wenn ein Stabilitätsnachweis erforderlich ist, ansonsten sind auch im Druckbereich
keine Dehnungsbeschränkungen angegeben.

Nach Abschnitt I.A.2 kann der Traglastnachweis unter Einschluß
von Stabilitätskriterien durchgeführt werden, wobei die dort
angegebenen Grenzdehnungen ε_u einzuhalten sind.

b) Bewehrungs- und Spannstahl:

Wegen der Rißbildung im Beton sind nach ÖNORM B 42oo, 9. Teil,
und B 425o die Zugdehnungen mit 4.o $^o/oo$ bzw. 5.o $^o/oo$, nach
DIN 1o45 und 4227 mit 5.o $^o/oo$ begrenzt.

Dem Sinn dieser Vorschriften entsprechend und zur Vereinheit-
lichung des Rechenganges werden im Rahmen dieser Arbeit nach
I.C.3 die Dehnungen in jeder Betonfaser beschränkt, die irgendeinen Stahlteilquerschnitt berührt.

I.B   Beton

I.B.1 Arbeitslinien

Die Problematik der Arbeitslinien ist unter [1] eingehend dargestellt. Dort wird auch darauf hingewiesen, daß die Annahme
einer einzigen Arbeitslinie, die sowohl für den Gebrauchslasten-
als auch für den Traglastzustand gelten soll, nicht zweckmäßig
erscheint. Während für den Gebrauchslastenzustand in Näherung
mit einem idealisierten, konstanten Elastizitätsmodul E_b gerechnet wird, werden der Traglastberechnung idealisierte Arbeitslinien zugrunde gelegt, deren Anstieg im Ursprung in keinem de-
finierten Zusammenhang mit jenem Modul E_b steht. Z.B. werden die
Arbeitslinien nach DIN 1o45 nach Abb. I.7 bzw. vereinfachend nach
Abb. I.8, nach ÖNORM B 42oo nach Abb. I.9 angenommen, während
z.B. STARK [5] auch eine Arbeitslinie nach Abb. I.1o verwendet.

Im Rahmen dieser Arbeit werden die Arbeitslinien nach Abb. I.7
bzw. Abb. I.9 verwendet.

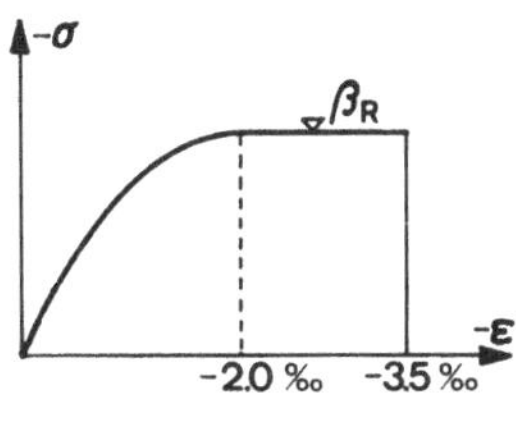

Abb. I.7

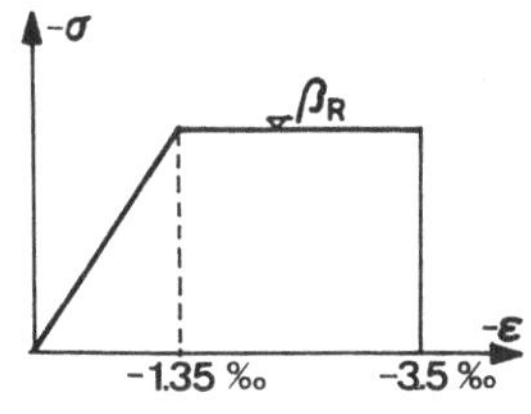

Abb. I.8

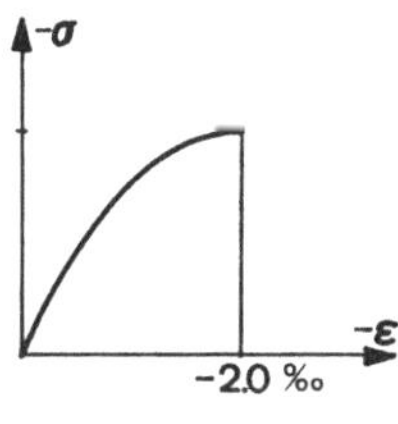

Abb. I.9

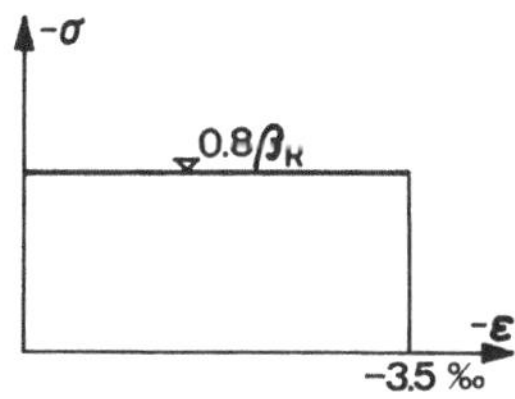

Abb. I.1o

I.B.2 Zeitabhängige Verformungen

Bezüglich der zeitabhängigen Verformungen wird auf die neuen
Spannbetonrichtlinien DIN 4227 (Betonkalender 1975) hingewiesen,
wobei zwischen elastischen, verzögert elastischen und plastischen Verformungen unterschieden wird (Abb. I.11 b). Die beiden
letzteren Einflüsse werden durch die Kriechzahl

$$\varphi_t = \varphi_{f,o} \, (k_{f,t} - k_{f,a}) + 0.4 \, k_{v,(t-a)} = \varphi_p + 0.4 \, k_{v,(t-a)}$$

$$(I.17)$$

erfaßt. Für das Schwinden gilt für das Schwindmaß zum
Zeitpunkt t

$$\varepsilon_{s,t} = \varepsilon_{s,o} \, (k_{s,t} - k_{s,a}) \qquad\qquad (I.18)$$

Die zu verwendenden Zahlenwerte sind in diesen Richtlinien angegeben.

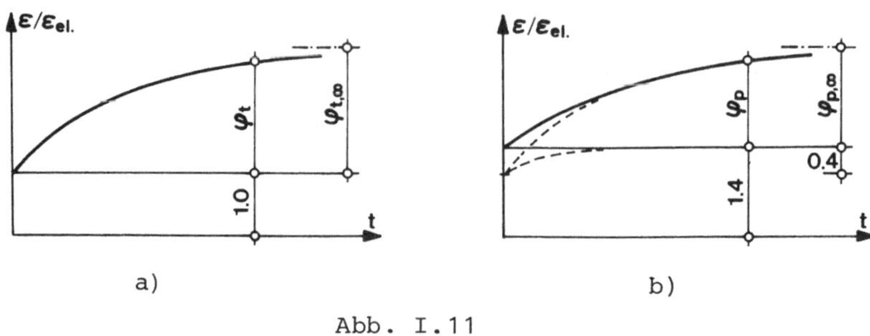

Abb. I.11

Diese Grundlagen werden in erster Linie für den Gebrauchslastenzustand benötigt. Beim Traglastverfahren können sie in den Vordehnungen Berücksichtigung finden, wobei ihr Einfluß in vielen
Fällen vernachlässigbar ist.

Eine einfache Anwendung der obigen Grundlagen ist für beliebige
Verbundkonstruktionen unter [13] angegeben. Nach RÜSCH-JUNGWIRTH
[14] wurde dabei folgende Vereinfachung getroffen:

$$\varphi_t = \varphi_p + 0.4 \qquad (I.19)$$

Durch Einführung der Größen

$$\dot{\varphi}_t = \frac{\varphi_p}{1.4} \qquad (I.2o)$$

und

$$\dot{E}_b = \frac{E_b}{1.4} \qquad (I.21)$$

konnte die Berechnung der Kriech- und Schwindeinflüsse unter
Berücksichtigung der verzögerten Elastizität gegenüber der her-
kömmlichen Berechnung (Abb. I.11 a) formal völlig unverändert
beibehalten werden. Die Werte φ_t in den alten Normen weichen
von den neuen Werten φ_p ab.

Im Rahmen dieser Arbeit wird in den Formeln der Ausdruck $\varphi = \varphi_t$
und der Modul E_b verwendet. Bei Berücksichtigung der verzöger-
ten Elastizität sind an deren Stelle die Größen $\dot{\varphi}$ und $\dot{E}_b$ einzuführen.

I.B.3 Wärmeausdehnungszahl

Im Gegensatz zum Stahl ist die Wärmeausdehnungszahl bei Beton
von seiner Zusammensetzung abhängig. Bei normalen Betonen liegt
er in der Regel zwischen $\alpha_T = 10 \cdot 10^{-6} \div 12 \cdot 10^{-6}$. Zur Vereinfachung kann im allgemeinen

$$\alpha_{T,Beton} = \alpha_{T,Stahl} = 12 \cdot 10^{-6}$$

angenommen werden.

I.B.4 Zulässige Spannungen für den Gebrauchslastenzustand

Nachdem bei Beton die Festigkeit sehr stark von der Art der Beanspruchung abhängig ist, geben die Normen auch die zulässigen
Spannungen in Abhängigkeit der Beanspruchung an: Zug, Druck,
Biegezug, Biegedruck. Außerdem ist auf eine Abhängigkeit von
der Querschnittsform zu achten.

I.B.5 Dehnungsbeschränkungen für den Traglastzustand

Im Traglastbereich schreiben die Normen Grenzdehnungen vor (z.B.
DIN 1045), und zwar

für Zug: Grundsätzlich zwar unbegrenzt, jedoch in jeder Kon-
              taktfaser maximal 5.0 $^0/_{00}$ (vergl. I.C.3).

für Druck: Aus Biegung oder Biegung + Längskraft -3.5 $^0/_{00}$.
              Aus zentrischer oder exzentrischer Druckkraft je
              nach Dehnungsbild -3.5 $^0/_{00}$ bis -2.0 $^0/_{00}$ (DIN 1045,
              Bild 15).

I.C Verbund zwischen Beton und Stahl

I.C.1 Stahlbeton und Spannbeton

Ein eigener Nachweis des Verbundes ist bei diesen Konstruktionen
nicht erforderlich. Er ist bei Einhaltung der geltenden Vorschriften und konstruktiv richtiger Ausführung (Haftlängen, Ver-
ankerung, Verpressen, ...) mit ausreichender Sicherheit gewährleistet.

I.C.2 Stahlträgerverbundkonstruktionen

Die Tragfähigkeit und die zulässigen Belastungen der verschiedenen Verbindungselemente (Blockdübel, Bolzendübel, HV-Schrauben, ...) sind in den Normen angegeben.

Mit Rücksicht auf die besondere Bedeutung der Kopfbolzendübel (Abb. I.12) werden deren Traglasten und die Vorschriften für deren geometrische Anordnung nachfolgend angegeben (vergl. auch [15]):

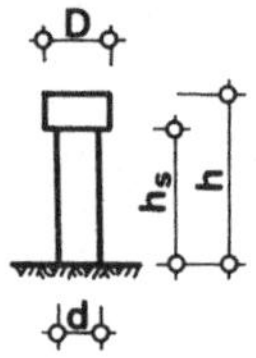

Bolzenabstände:

$$\min e = \begin{cases} 5.\mathrm{o}\ d & \parallel \text{Kraftrichtung} \\ 2.5\ d & \perp \text{Kraftrichtung} \end{cases} \qquad (\text{I}.22)$$

$$\max e = \quad 4\text{-fache Plattenstärke}$$

Abb. I.12

Tragfähigkeit auf Schub:

$$D_{u,S} \leqq \begin{cases} \alpha \cdot \mathrm{o}.22\ d^2 \sqrt{\beta_{w,N}\ E_b} & \text{Beton maßgebend} \\ \mathrm{o}.53\ d^2 \cdot \sigma_f & \text{Stahl maßgebend} \end{cases} \qquad (\text{I}.23)$$

mit $\sigma_f \leqq 3.5\mathrm{o}\ \mathrm{Mp/cm}^2$.

Dabei ist für $h/d = 3.\mathrm{o}$ der Wert $\alpha = \mathrm{o}.85$, für $h/d \geqq 4.2$ $\alpha = 1.00$ zu setzen. Für Zwischenwerte von h/d ist linear zu interpolieren. Sind die Kopfbolzen mit Wendeln versehen, so ist eine Erhöhung der Werte $D_{u,S}$ um 15% zulässig.

Tragfähigkeit auf Zug:

$$D_{u,Z} \leqq \begin{cases} \mathrm{o}.32\ D\ h_s \cdot \beta_{w,N} & \text{Beton maßgebend} \\ \frac{\pi}{4}\ d^2 \cdot \sigma_f & \text{Stahl maßgebend} \end{cases} \qquad (\text{I}.24)$$

Interaktion von Schub- und Zugbeanspruchung:

$$D_u = D_{u,S} \frac{D_{u,Z} - D_{z,vorh.}}{D_{u,Z}} \qquad (\text{I}.25)$$

Die für den Gebrauchslastenzustand zulässigen Werte ergeben sich daraus durch Division durch den Sicherheitskoeffizienten ν_F.

I.C.3 Dehnungsbeschränkungen für den Traglastzustand

Die Zugdehnungen dürfen in keiner Betonfaser die Größe von
$+ 5.0\ ^o/_{oo}$ überschreiten, die irgendeinen Stahlteilquerschnitt
berührt, der bei der Berechnung der Grenztragfähigkeit berücksichtigt wird.

I.D Querschnittswerte von Verbundquerschnitten

I.D.1 Allgemeines

Als Bezugslinie $z = o$ wird zweckmäßig die Oberkante des Verbund-
quorschnitts gewählt. Für die einzelnen Teilquerschnitte und
deren Kombinationen wird folgende Indizierung vereinbart:

b ... Beton; br ... Beton, reduziert im Verhältnis E_b/E
s ... Stahlträger
e ... Schlaffe Bewehrung
z ... Spannstahl; zr ... Spannstahl, reduziert im Verhältnis E_z/E
f ... Gesamter Stahlquerschnitt
p ... Beton und sämtliche darin befindliche Stahleinlagen
i ... Ideeller Querschnitt (gesamter Verbundquerschnitt)

Abweichend von [6] wird im Rahmen dieser Arbeit immer jener
Verbundquerschnitt mit dem Index i bezeichnet, auf den eine Belastung als äußere Schnittgröße aufgebracht wird. Z.B. wird für
Belastungen vor dem Vorspannen wie für die Vorspannung selbst
der Nettoquerschnitt (ohne Spannstahl) mit dem Index i gekennzeichnet, für Belastungen nach dem Verpressen der endgültige
Verbundquerschnitt (mit Spannstahl).

Selbstverständlich entfallen in den nachfolgenden allgemein
gültigen Formeln die Anteile von Querschnitten, die im betrachteten Verbundquerschnitt nicht enthalten sind.

I.D.2 Die Teilquerschnitte Beton, Stahlträger, schlaffe
Bewehrung und Spannstahl

a) Beton

Der Betonteilquerschnitt kann sich aus einem oder mehreren Trapezen zusammensetzen, wobei Rechtecke als Sonderfälle miterfaßt sind.

Für ein Teiltrapez nach Abb. I.13 gilt:

$$\Delta F_b = \frac{1}{2}\, h\, (v + w)$$

$$\Delta z_b = \frac{1}{3}\, h\, \frac{v + 2w}{v + w} \tag{I.26}$$

$$\Delta J_b = \frac{1}{12}\, h^3\, (v + 3w) - \Delta F_b\, (\Delta z_b)^2$$

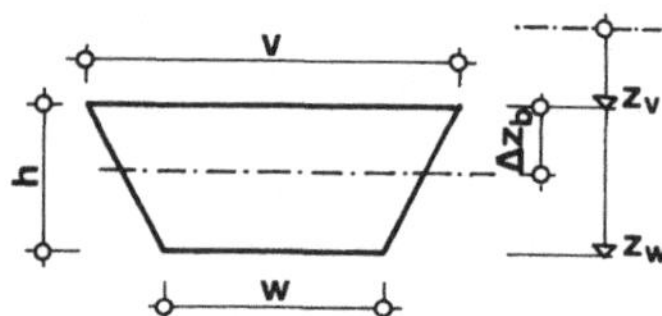

Abb. I.13

Mit $v = w$ ergibt sich der Sonderfall des Rechtecks.

Durch Summierung über alle Teiltrapeze (bzw. Teilrechtecke) erhält man daraus für den gesamten Betonquerschnitt

$$F_b = \Sigma \Delta F_b$$

$$z_b = \frac{1}{F_b} \cdot \Sigma \left[\Delta F_b \cdot (z_v + \Delta z_b) \right] \tag{I.27}$$

$$J_b = \Sigma \left[\Delta J_b + \Delta F_b \cdot (z_v + \Delta z_b - z_b)^2 \right]$$

Mit $n_b = \dfrac{E}{E_b}$ erhält man die reduzierten Werte

$$F_{br} = \frac{1}{n_b} \cdot F_b; \quad J_{br} = \frac{1}{n_b} \cdot J_b \tag{I.28}$$

b) Stahlträger

Der Stahlträger wird aus Rechtecken zusammengesetzt, die Gurtlamellen, Stegblech und Streifen darstellen können.

Für ein Teilrechteck nach Abb. I.14 gilt:

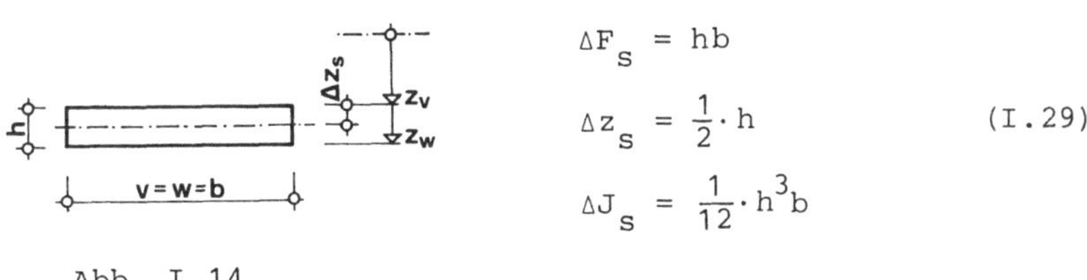

$$\Delta F_s = hb$$
$$\Delta z_s = \frac{1}{2} \cdot h$$
$$\Delta J_s = \frac{1}{12} \cdot h^3 b$$

(I.29)

Abb. I.14

Durch Summierung über alle Stahlrechtecke erhält man für den Stahlträger

$$F_s = \Sigma \Delta F_s$$
$$z_s = \frac{1}{F_s} \cdot \Sigma \left[\Delta F_s \cdot (z_v + \Delta z_s) \right]$$
$$J_s = \Sigma \left[\Delta J_s + \Delta F_s \cdot (z_v + \Delta z_s - z_s)^2 \right]$$

(I.3o)

c) Schlaffe Bewehrung und Spannstahl

Die einzelnen Lagen dieser Teilquerschnitte gehen zweckmäßig getrennt in die Rechnung ein.

$F_{e;j}$ ... Querschnittsfläche der j-ten Lage der schlaffen Bewehrung;

$z_{e;j}$ ... Abstand derselben von der Bezugslinie $z = o$;

$F_{z;j}$ ... Querschnittsfläche der j-ten Spannstahllage;

$z_{z;j}$ ... Abstand derselben von der Bezugslinie $z = o$.

Mit $n_z = \dfrac{E}{E_z}$ ergibt sich die reduzierte Spannstahlfläche

$$F_{zr;j} = \frac{1}{n_z} \cdot F_{z;j}$$

(I.31)

I.D.3 Zusammensetzen der Teilquerschnitte

$$F_i = F_{br} + F_s + \sum_j F_{e;j} + \sum_j F_{zr;j}$$
$$z_i = \frac{1}{F_i} \left[F_{br} z_b + F_s z_s + \sum_j F_{e;j} z_{e;j} + \sum_j F_{zr;j} z_{z;j} \right]$$
$$J_i = J_{br} + F_{br} \cdot (z_b - z_i)^2 + J_s + F_s (z_s - z_i)^2 +$$
$$+ \sum_j (F_{e;j}(z_{e;j} - z_i)^2) + \sum_j (F_{zr;j}(z_{z;j} - z_i)^2)$$

(I.32)

Diese Formeln gelten allgemein für Verbundquerschnitte, die Anteile aus Beton, Stahlträger sowie Bewehrungs- und Spannstählen enthalten können. Entfallen einzelne Anteile, so sind diese in den Formeln nicht zu berücksichtigen.

Die Formeln (I.32) gelten somit auch für den Gesamtstahlquerschnitt (Index f), wobei die Betonanteile wegzulassen sind, und für die Betonplatte mit Stahleinlagen (Index p), wobei die Anteile des Stahlträgers entfallen.

II. VERBUNDTRAGWERKE UNTER GEBRAUCHSLAST

Verbundtragwerke sind wegen der Inhomogenität des Verbundquerschnitts innerlich statisch unbestimmt, unabhängig vom statischen System.

Bei der Verteilung der Gesamtschnittbelastungen auf die Teilquerschnitte Beton und Stahl müssen daher nicht nur die Gleichgewichts- sondern auch Verformungsbedingungen (Kontinuitätsbedingungen) erfüllt werden. Die Verteilung erfolgt auch hier entsprechend den Steifigkeiten. Längenänderungen einzelner Fasern können nicht ohne innere Zwängungen erfolgen; daher entstehen Spannungen bei Temperaturunterschieden zwischen Betonplatte und Stahlträger sowie infolge Schwindens und Kriechens des Betons. Die sich dabei ergebenden Verformungen erfolgen bei statisch bestimmt gelagerten Systemen ohne äußere Zwängungen - es entstehen nur Eigenspannungen -, während sie in statisch unbestimmt gelagerten Systemen zusätzliche äußere Schnittbelastungen bedingen (z.B. zeitabhängige Unbekannte).

Bei starrem Verbund kann die NAVIERsche Hypothese, daß die Querschnitte eben bleiben, als Kontinuitätsbedingung der Berechnung der Teilschnittkräfte zur Zeit $t = o$ (Verteilungsgrößen), aus Temperaturdifferenzen sowie aus Schwinden und Kriechen des Betons (Umlagerungsgrößen) zugrunde gelegt werden.

In ähnlicher Weise kann man bei elastischem Verbund vorgehen, wenn der Zusammenhang zwischen Schubkraft und Verschiebung bekannt ist (SATTLER [16]).

Wirken Belastungen auf ein Spannbetontragwerk, dessen Spannkanäle nicht ausgepreßt sind, so gilt die NAVIERsche Hypothese nicht für den gesamten Querschnitt aus Beton und Spannstahl. Die Teilschnittkräfte müssen dann als statisch unbestimmte Größen

auf übliche baustatische Weise ermittelt werden, wobei jede
Gruppe gleich verlaufender Spannstähle eine Unbekannte darstellt.

Bei statisch unbestimmt gelagerten Tragwerken führt die genaue
Berechnung der zeitabhängigen Unbekannten zu Integrodifferentialgleichungen. Durch Annahme des zeitlichen Verlaufs der Unbekannten können deren Endwerte in ausgezeichneter Näherung auf
baustatische Weise gefunden werden.

Abgesehen von den zeitabhängigen Verformungen des Betons wird
für den Gebrauchslastenzustand ein elastisches Verhalten der
Werkstoffe sowie die Gültigkeit des Superpositionsgesetzes zugrunde gelegt. Sind an jeder Stelle des Tragwerkes die Dehnung ε
der ideellen Schwerlinie und die Krümmung $\varkappa$ bekannt, so kann man
jede Verformung mit dem Prinzip der virtuellen Arbeit ermitteln.

Die Abschnitte A bis C dieses Kapitels, in denen die oben ge-
nannten Probleme kurz behandelt und deren Lösungen zusammenge-
faßt werden, beruhen auf K. SATTLER, Theorie der Verbundkonstruktionen [6]. Der Abschnitt D bringt ein Verfahren zur Bemessung
bzw. Vorberechnung von üblichen Spannbetonquerschnitten. Es ermöglicht eine sehr genaue Abschätzung des Spannkraftverlustes
aus Schwinden und Kriechen und ist wegen der beigegebenen Kurventafeln einfach anwendbar.

II.A Schnittbelastungen und Spannungen in statisch
bestimmten Systemen

II.A.1 Verteilungsgrößen aus Normalkraft und Biegemoment

Die Verteilungsgrößen sind die Anteile der jeweils vorhandenen
Teilquerschnitte an der Gesamtschnittbelastung zur Zeit $t = o$
bzw. zum Zeitpunkt der Lastaufbringung. Sie sind deshalb mit dem
zweiten Index o gekennzeichnet.

In den nachfolgenden Formeln beziehen sich die Querschnittswerte
F_i, J_i und z_i auf den Querschnitt, auf den die jeweilige Belastung wirkt, gleichgültig, ob dieser vorgespannt ist oder nicht.

<u>Gegebene Schnittbelastungen (N, M):</u>

Schnittbelastungen aus irgendeiner äußeren Belastung:

$$N = N_B$$

$$M = M_B$$

Schnittbelastungen aus Vorspannung V, wirkend auf den Nettoquerschnitt (Index i):

$$N = N_V = -\sum_j V_j$$

$$M = M_V = -\sum_j V_j (z_{z;j} - z_i)$$

<u>Verteilungsgrößen:</u>

Allgemein gilt:
<u>Beton:</u>

$$N_{b,o} = N \frac{F_{br}}{F_i} + M \frac{F_{br}}{J_i} (z_b - z_i) \tag{II.1 a}$$

$$M_{b,o} = M \frac{J_{br}}{J_i} \tag{II.1 b}$$

<u>Stahlträger:</u>

$$N_{s,o} = N \frac{F_s}{F_i} + M \frac{F_s}{J_i} (z_s - z_i) \tag{II.2 a}$$

$$M_{s,o} = M \frac{J_s}{J_i} \tag{II.2 b}$$

<u>j-te Bewehrungslage:</u>

$$N_{e,o;j} = N \frac{F_{e;j}}{F_i} + M \frac{F_{e;j}}{J_i} (z_{e;j} - z_i) \tag{II.3}$$

<u>j-te Spannstahllage:</u>

aus Vorspannung $\quad N_{z,o;j} = V_j \tag{II.4 a}$

aus Belastung
nach Vorspannung $\quad N_{z,o;j} = N \frac{F_{zr;j}}{F_i} + M \frac{F_{zr;j}}{J_i} (z_{z;j} - z_i)$

$$\tag{II.4 b}$$

II.A.2 Verteilungsgrößen aus Temperaturunterschieden zwischen Betonplatte und Stahlträger

Dieser Lastfall kann nur bei Stahlträgerverbundkonstruktionen auftreten. Dabei haben in der Betonplatte liegende schlaffe Bewehrungs- oder Spannstahllagen die gleiche Temperatur wie jene. Somit steht die Betonplatte mit schlaffer Bewehrung und Spannstahl als gemeinsamer Querschnitt (Index p) dem Stahlträger gegenüber. Die Wärmeausdehnungskoeffizienten von Beton und Stahl werden mit $\alpha_T = 12 \cdot 10^{-6}$ als gleich vorausgesetzt. Bezüglich der Berücksichtigung verschiedener Ausdehnungskoeffizienten von Stahl und Beton sei auf [6] verwiesen.

$\Delta T\,[^{o}C] > o$ ... Stahlträger ist wärmer als Betonplatte.

Hilfswerte:

$$\sigma_T = E\,\alpha_T\,\Delta T = 0.0252\,\Delta T \quad \left[Mp/cm^2\right]$$

$$S = \frac{F_s\,F_p}{F_i\,J_i}\,(z_s - z_p) \tag{II.5}$$

(Bewehrte) Betonplatte:

$$N_{\Delta T,p} = \frac{J_s + J_p}{z_s - z_p}\,S\sigma_T \tag{II.6 a}$$

$$M_{\Delta T,p} = J_p S\sigma_T \tag{II.6 b}$$

Stahlträger:

$$N_{\Delta T,s} = -N_{\Delta T,p} \tag{II.7 a}$$

$$M_{\Delta T,s} = J_s S\sigma_T \tag{II.7 b}$$

Beton:

$$N_{\Delta T,b} = N_{\Delta T,p}\,\frac{F_{br}}{F_p} + M_{\Delta T,p}\,\frac{F_{br}}{J_p}\,(z_b - z_p) \tag{II.8 a}$$

$$M_{\Delta T,b} = M_{\Delta T,p}\,\frac{J_{br}}{J_p} \tag{II.8 b}$$

j-te Bewehrungslage:

$$N_{\Delta T,e;j} = N_{\Delta T,p} \frac{F_{e;j}}{F_p} + M_{\Delta T,p} \frac{F_{e;j}}{J_p} (z_{e;j} - z_p) \qquad (II.9)$$

j-te Spannstahllage:

$$N_{\Delta T,z;j} = N_{\Delta T,p} \frac{F_{zr;j}}{F_p} + M_{\Delta T,p} \frac{F_{zr;j}}{J_p} (z_{z;j} - z_p) \qquad (II.1o)$$

II.A.3 Umlagerungsgrößen

Infolge Kriechens unter andauernd wirkender Belastung mit be-
liebigem zeitlichen Verlauf und infolge Schwindens des Betons
entstehen in statisch bestimmt gelagerten Verbundtragwerken nur
innere Zwangsschnittkräfte. Sie wachsen mit der Zeit an und
werden Umlagerungskräfte genannt. Ihre Kennzeichnung erfolgt
mit dem zweiten Index t.

Nachfolgend wird unterschieden, ob die Stahlteile (Index f) ein
Eigenträgheitsmoment $J_f \neq o$ aufweisen oder nicht. Für diese beiden Fälle wurden die in [6] angegebenen allgemein gültigen genauen Lösungen, die zum Teil von KUNERT [7] stammen, derart für
eine schematische Berechnung aufbereitet, daß für die folgenden
drei Fälle jeweils nur die entsprechenden Koeffizienten einzusetzen sind.

a) Kriechen unter konstant wirkender Belastung
b) Kriechen unter linear mit φ anwachsender Belastung
c) Schwinden

Bezüglich einfacher Lösungen für Sonderfälle, die auch aus den
im folgenden angegebenen allgemeinen Lösungen hergeleitet werden
können, Näherungslösungen für die Handrechnung sowie der Herleitung aller Formeln aufgrund der Annahmen DISCHINGERs, sei auf
[6] verwiesen. φ bedeutet die Kriechzahl, ε_s das Schwindmaß, für
$t = \infty$ sind deren Endwerte φ_∞ und $\varepsilon_{s,\infty}$ einzusetzen.

Berechnung der Umlagerungsgrößen:

In jedem Fall ist $a = z_f - z_b$.

<u>Fall 1:</u> $(J_f \neq o)$

Zuerst sind folgende Hilfswerte zu ermitteln:

$$\alpha_b = \frac{F_{br} J_{br}}{F_i J_i} \quad ; \quad \alpha_f = \frac{F_f J_f}{F_i J_i} \quad ; \quad \rho = \frac{J_{br}}{J_f} \qquad \text{(II.11 a,b,c)}$$

$$\psi = 1 - \alpha_b + \alpha_f \quad ; \quad \delta = \sqrt{\psi^2 - 4\alpha_f} \qquad \text{(II.12 a,b)}$$

$$\varkappa_1 = - \frac{\psi - \delta}{2}; \qquad \varkappa_2 = - \frac{\psi + \delta}{2} \qquad \text{(II.13 a,b)}$$

$$\varepsilon_1 = e^{\varkappa_1 \varphi} \quad ; \qquad \varepsilon_2 = e^{\varkappa_2 \varphi} \qquad \text{(II.14 a,b)}$$

<u>a) Kriechen aus konstant wirkender Belastung:</u>

$$f_1 = \frac{\varepsilon_1}{\rho \, \varkappa_2} \left[1 + \varkappa_2 (1 + \rho) \right]$$

$$\text{(II.15 a,b)}$$

$$f_2 = \frac{\varepsilon_2}{\rho \, \varkappa_1} \left[1 + \varkappa_1 (1 + \rho) \right]$$

$$a_N = 1 \; ; \quad a_M = 1 \; ; \quad e_1 = \varepsilon_1$$

$$\text{(II.16)}$$

$$b_N = o \; ; \quad b_M = -1; \quad e_2 = \varepsilon_2$$

$$N_o = N_{b,o}; \quad M_o = M_{b,o} \qquad \text{(II.17 a,b)}$$

<u>b) Kriechen aus linear mit φ anwachsender Belastung:</u>

$$f_1 = -\varepsilon_1 \left[1 + \frac{\varkappa_1 + \alpha_f}{\rho \, \alpha_f} - \frac{1}{\varkappa_1} - \frac{F_i}{F_f} \right] \qquad \text{(II.18 a)}$$

$$f_2 = -\varepsilon_2 \left[1 + \frac{\varkappa_2 + \alpha_f}{\rho \, \alpha_f} - \frac{1}{\varkappa_2} - \frac{F_i}{F_f} \right] \qquad \text{(II.18 b)}$$

$$a_N = \varphi - \frac{1 - \alpha_b}{\alpha_f} \; ; \quad a_M = \varphi + \frac{F_i}{F_f} - \frac{\psi}{\alpha_f} \; ; \quad e_1 = \frac{\varepsilon_1}{\varkappa_1}$$

$$\text{(II.19)}$$

$$b_N = \rho \; ; \qquad b_M = 1 + \rho - \varphi \; ; \quad e_2 = \frac{\varepsilon_2}{\varkappa_2}$$

$$N_o = \frac{N_{b,o}}{\varphi_\infty} \; ; \qquad M_o = \frac{M_{b,o}}{\varphi_\infty} \qquad \text{(II.2o a,b)}$$

c) Schwinden:

Es gelten die gleichen Koeffizienten wie in Fall a).
Ferner ist:

$$N_O = -E_b F_b \frac{\varepsilon_{s,\infty}}{\varphi_\infty} \quad ; \quad M_O = o \qquad \text{(II.21 a,b)}$$

Damit und mit $\lambda_1 = \varkappa_1 + \alpha_f$ und $\lambda_2 = \varkappa_2 + \alpha_f$ gilt allgemein:

$$N_{t,1} = -N_O \left[a_N + \frac{e_1 \lambda_2 - e_2 \lambda_1}{\delta} \right] \qquad \text{(II.22 a)}$$

$$N_{t,2} = -N_O \left[b_N + \frac{\rho \alpha_f (e_1 - e_2)}{\delta} \right] \qquad \text{(II.22 b)}$$

$$M_{t,1} = M_O \left[a_M + \frac{f_1 \lambda_2 - f_2 \lambda_1}{\delta} \right] \qquad \text{(II.23 a)}$$

$$M_{t,2} = M_O \left[b_M + \frac{\rho \alpha_f (f_1 - f_2)}{\delta} \right] \qquad \text{(II.23 b)}$$

$$N_{b,t} = N_{t,1} + N_{t,2} \qquad\qquad \text{wenn } a = o$$

$$N_{b,t} = N_{t,1} + N_{t,2} + \frac{1}{a}(M_{t,1} + M_{t,2}) \quad \text{wenn } a \neq o \qquad \text{(II.24 a)}$$

$$M_{b,t} = M_{t,1} + a N_{t,1} \qquad \text{(II.24 b)}$$

$$N_{f,t} = -N_{b,t} \qquad \text{(II.25 a)}$$

$$M_{f,t} = M_{t,2} + a N_{t,2} \qquad \text{(II.25 b)}$$

Aufteilung der Umlagerungsgrößen $N_{f,t}$ und $M_{f,t}$ auf die einzelnen Stahlteile:

Stahlträger:

$$N_{s,t} = N_{f,t} \frac{F_s}{F_f} + M_{f,t} \frac{F_s}{J_f} (z_s - z_f) \qquad \text{(II.26 a)}$$

$$M_{s,t} = M_{f,t} \frac{J_s}{J_f} \qquad \text{(II.26 b)}$$

<u>j-te Bewehrungslage:</u>

$$N_{e,t;j} = N_{f,t}\,\frac{F_{e;j}}{F_f} + M_{f,t}\,\frac{F_{e;j}}{J_f}\,(z_{e;j} - z_f) \qquad \text{(II.27)}$$

<u>j-te Spannstahllage:</u>

$$N_{z,t;j} = N_{f,t}\,\frac{F_{zr;j}}{F_f} + M_{f,t}\,\frac{F_{zr;j}}{J_f}\,(z_{z;j} - z_f) \qquad \text{(II.28)}$$

<u>Fall 2: $(J_f = o)$</u>

Zuerst sind folgende Hilfswerte zu ermitteln:

$$J_{b,f} = J_{br} + F_{br}a^2; \qquad \alpha = \frac{F_f J_{b,f}}{F_i J_i} \qquad \text{(II.29 a,b)}$$

<u>a) Kriechen aus konstant wirkender Last:</u>

$$\varepsilon = 1 - e^{-\alpha\varphi} \qquad \text{(II.3o)}$$

$$N_o = N_{b,o} \; ; \qquad M_o = M_{b,o} \qquad \text{(II.31 a,b)}$$

<u>b) Kriechen aus linear mit φ anwachsender Last:</u>

$$\varepsilon = 1 - \frac{1}{\alpha\varphi}\,(1 - e^{-\alpha\varphi}) \qquad \text{(II.32)}$$

$$N_o = N_{b,o} \; ; \qquad M_o = M_{b,o} \qquad \text{(II.33 a,b)}$$

<u>c) Schwinden:</u>

$$\varepsilon = 1 - e^{-\alpha\varphi} \qquad \text{(wie bei a)} \qquad \text{(II.34)}$$

$$N_o = E_b F_b\,\frac{\varepsilon_{s,\infty}}{\varphi_\infty} \; ; \qquad M_o = o \qquad \text{(II.35 a,b)}$$

Damit gilt:

$$N_{b,t} = -\frac{J_{br}}{J_{b,f}}\left[N_o + \frac{aF_{br}}{J_{br}}\,M_o\right]\cdot\varepsilon \qquad \text{(II.36 a)}$$

$$M_{b,t} = aN_{b,t} \qquad \text{(II.36 b)}$$

$$N_{f,t} = -N_{b,t} \qquad\qquad\qquad \text{(II.37)}$$

Aufteilung von $N_{f,t}$:

<u>j-te Bewehrungslage:</u>

$$N_{e,t;j} = N_{f,t}\, \frac{F_{e;j}}{F_f} \qquad\qquad\qquad \text{(II.38)}$$

<u>j-te Spannstahllage:</u>

$$N_{z,t;j} = N_{f,t}\, \frac{F_{zr;j}}{F_f} \qquad\qquad\qquad \text{(II.39)}$$

Der Einfluß der verzögerten Elastizität kann entsprechend den
Vorschlägen von RÜSCH und JUNGWIRTH [14] und nach [13] für länger
als etwa drei Monate andauernde Belastung berücksichtigt werden,
indem man der Berechnung der zugehörigen Verteilungs- und Umlagerungsgrößen den ideellen E-Modul für Beton $\dot{E}_b = E_b/1.4$ und
die verkleinerte Kriechzahl $\dot{\varphi} = (\varphi_t - 0.4)/1.4$ zugrunde legt. Die
Formeln selbst bleiben dabei formal gleich.

<u>II.A.4 Spannungen</u>

Für die Spannungsberechnungen sind nicht die reduzierten, sondern
die tatsächlichen Werte der Flächen und Trägheitsmomente einzusetzen. Sind für einen beliebigen Zeitpunkt die Teilschnittkräfte
in einem Teilquerschnitt bekannt, so lassen sich daraus die
Spannungen auf folgende Weise berechnen:

<u>Beton:</u>

$$\text{Oberkante}\quad \sigma_{b,o} = \frac{N_b}{F_b} + \frac{M_b}{J_b}\,(z_{b,o}-z_b) \qquad \text{(II.40 a)}$$

$$\text{Unterkante}\quad \sigma_{b,u} = \frac{N_b}{F_b} + \frac{M_b}{J_b}\,(z_{b,u}-z_b) \qquad \text{(II.40 b)}$$

<u>Stahlträger:</u>

$$\text{Oberkante}\quad \sigma_{s,o} = \frac{N_s}{F_s} + \frac{M_s}{J_s}\,(z_{s,o}-z_s) \qquad \text{(II.41 a)}$$

$$\text{Unterkante}\quad \sigma_{s,u} = \frac{N_s}{F_s} + \frac{M_s}{J_s}\,(z_{s,u}-z_s) \qquad \text{(II.41 b)}$$

<u>j-te Bewehrungslage:</u>

$$\sigma_{e;j} = \frac{N_{e;j}}{F_{e;j}} \qquad\qquad (II.42)$$

<u>j-te Spannstahllage:</u>

$$\sigma_{z;j} = \frac{N_{z;j}}{F_{z;j}} \qquad\qquad (II.43)$$

II.B Verformungen in statisch bestimmten Systemen

II.B.1 Verformungen des Systems

Sind für einen beliebigen Zeitpunkt in jedem Querschnitt Dehnung
und Krümmung bekannt, so kann eine Verformung des Tragwerkes
nach den üblichen Regeln der Baustatik mit dem Prinzip der virtuellen Arbeit berechnet werden.

Bei Verbundquerschnitten können mit Rücksicht auf das Ebenblei-
ben der Querschnitte zum Zeitpunkt $t = o$, das heißt ohne Kriechen und Schwinden, die Verformungen sowohl über den Gesamtquerschnitt als auch über die einzelnen Teilquerschnitte (Beton
oder Stahl) berechnet werden. Für spätere Zeitpunkte können die
Verformungen mit Rücksicht auf Kriechen und Schwinden nur über
Teilquerschnitte berechnet werden, wobei im Beton elastische
und plastische Anteile zu berücksichtigen sind.

Das ist von Vorteil, wenn der Stahlquerschnitt ein Eigenträgheitsmoment hat, weil in diesem auch nach Schwinden und Kriechen des
Betons der lineare Zusammenhang zwischen Spannungen und Dehnungen
(HOOKE'sches Gesetz) gilt. Man braucht dann nur die aus den zugehörigen Teilschnittkräften (z.B. $N_{s,o}$; $M_{s,o}$ oder $N_{s,t}$; $M_{s,t}$) ent-
stehenden Dehnungen $\varepsilon_s = N_s/EF_s$ und Krümmungen $\varkappa_s = M_s/EJ_s$ zu ermitteln. Ein virtueller Belastungszustand, der nun entsprechend
dem Reduktionssatz auf den Stahlträger allein aufgebracht wird,
leistet an dessen Verformungen in jedem Querschnitt virtuelle
Arbeit, deren Integration über das ganze System die gesuchte Verformung ergibt.

II.B.2 Verformungen des Stabelementes zur Zeit t = o

Zum Zeitpunkt der Lastaufbringung sind sämtliche Verformungen
rein elastisch und nach den folgenden Formeln zu ermitteln:

Ideeller Querschnitt:

$$\varepsilon_i = \frac{N}{EF_i} \quad ; \quad \varkappa_i = \frac{M}{EJ_i} \qquad\qquad \text{(II.44 a,b)}$$

Beton:

$$\varepsilon_b = \frac{N_b}{E_b F_b} = \frac{N_b}{EF_{br}} \quad ; \quad \varkappa_b = \frac{M_b}{E_b J_b} = \frac{M_b}{EJ_{br}} \qquad \text{(II.45 a,b)}$$

Stahlquerschnitt:

$$\varepsilon_f = \frac{N_f}{EF_f} \quad ; \quad \varkappa_f = \frac{M_f}{EJ_f} \qquad\qquad \text{(II.46 a,b)}$$

Die angeführten Dehnungen ε gelten jeweils für die Schwerlinie
des betrachteten (Teil-)Querschnitts.

II.B.3 Verformungen des Stabelementes aus ungleicher
Erwärmung

Beton + Bewehrung:

$$\varepsilon_p = \frac{N_{\Delta T,p}}{EF_p} + \varepsilon_T \quad ; \quad \varkappa_p = \frac{M_{\Delta T,p}}{EJ_p} \qquad \text{(II.47 a,b)}$$

Stahlträger:

$$\varepsilon_s = \frac{N_{\Delta T,s}}{EF_s} + \varepsilon_T \quad ; \quad \varkappa_s = \frac{M_{\Delta T,s}}{EJ_s} \qquad \text{(II.48 a,b)}$$

Thermischer Anteil:

$$\varepsilon_T = \alpha_T T$$

Bei der Berechnung der Primärdehnungen für die Ermittlung der
Grenztragfähigkeit nach Abschnitt III.A.2 hat der thermische
Anteil ε_T zu entfallen.

II.B.4 Verformungen des Stabelementes aus Kriechen und Schwinden

$\underline{J_f \neq o}$: Die Verformungsberechnung kann über den Stahl erfolgen.

$$\varepsilon_s = \frac{N_{s,t}}{EF_s} \quad ; \quad \varkappa_s = \frac{M_{s,t}}{EJ_s}$$

$$\varepsilon_f = \frac{N_{f,t}}{EF_f} \quad ; \quad \varkappa_f = \frac{M_{f,t}}{EJ_f} \tag{II.49}$$

$\underline{J_f = o}$: In diesem Fall müssen die Verformungen über den Beton berechnet werden.

$$\varepsilon_b = \varepsilon_1 + \varepsilon_2 + \varepsilon_3 \quad ; \quad \varkappa_b = \varkappa_1 + \varkappa_2 \tag{II.5o a,b}$$

Dabei werden drei Fälle unterschieden.

a) Kriechen aus konstant wirkender Belastung

$$\varepsilon_1 = \frac{N_{b,o}}{EF_{br}} \cdot \varphi \quad ; \quad \varepsilon_2 = \frac{N_{b,t}}{EF_{br}} (1+\psi_f \varphi) \quad ; \quad \varepsilon_3 = o \tag{II.51 a,b,c}$$

$$\varkappa_1 = \frac{M_{b,o}}{EJ_{br}} \cdot \varphi \quad ; \quad \varkappa_2 = \frac{M_{b,t}}{EJ_{br}} (1+\psi_f \varphi) \tag{II.52 a,b}$$

mit

$$\psi_f = \frac{\alpha\varphi - (1-e^{-\alpha\varphi})}{\alpha\varphi(1-e^{-\alpha\varphi})} \approx \frac{1}{2} + \frac{\alpha\varphi}{12}$$

und

$$\alpha = \frac{F_f J_{b,f}}{F_i J_i}$$

b) Kriechen aus linear mit φ anwachsender Belastung

$$\varepsilon_1 = \frac{N_{b,o}}{EF_{br}} \cdot \frac{\varphi}{2} \quad ; \quad \varepsilon_2 = \frac{N_{b,t}}{EF_{br}} (1+\psi_f \varphi) \quad ; \quad \varepsilon_3 = o \tag{II.53 a,b,c}$$

$$\varkappa_1 = \frac{M_{b,o}}{EJ_{br}} \cdot \frac{\varphi}{2} \quad ; \quad \varkappa_2 = \frac{M_{b,t}}{EJ_{br}} (1+\psi_f \varphi) \tag{II.54 a,b}$$

mit

$$\psi_f = \frac{\frac{1}{2}(\alpha\varphi)^2 - \left[\alpha\varphi - (1-e^{-\alpha\varphi})\right]}{\alpha\varphi\left[\alpha\varphi - (1-e^{-\alpha\varphi})\right]} \approx \frac{1}{3} + \frac{\alpha\varphi}{36}$$

und

$$\alpha = \frac{F_f J_{b,f}}{F_i J_i}$$

c) Schwinden

$$\varepsilon_1 = \text{o} \quad ; \quad \varepsilon_2 = \frac{N_{b,t}}{EF_{br}} \, (1+\psi_f \varphi) \quad ; \quad \varepsilon_3 = -\varepsilon_s \qquad \text{(II.55 a,b,c)}$$

$$\varkappa_1 = \text{o} \quad ; \quad \varkappa_2 = \frac{M_{b,t}}{EJ_{br}} \, (1+\psi_f \varphi) \qquad\qquad \text{(II.56 a,b)}$$

mit ψ_f und α nach Fall a.
In (II.55 b) und (II.56 b) sind $N_{b,t}$ und $M_{b,t}$ die Umlagerungsgrößen infolge Schwindens.

Bei der Berechnung der Primärdehnungen nach Abschnitt III.A.2
sind nur die elastischen Verformungen aus Verteilungs- und
Umlagerungsgrößen entsprechend Abschnitt II.B.2 zu berücksich-
tigen. Für N_b bzw. M_b ist in (II.45) $N_{b,o}+N_{b,t}$ bzw. $M_{b,o}+M_{b,t}$
einzusetzen.

II.C   Statisch unbestimmte Systeme

II.C.1   Zustand zur Zeit t = o

Da zu diesem Zeitpunkt nur elastische Verformungen auftreten,
kann die Berechnung der statisch unbestimmten Größen $X_{u,o}$ und
der zugehörigen Schnittlasten in üblicher Weise erfolgen, indem
man die Klaffungen am statisch bestimmt gelagerten Grundsystem
über den ideellen Querschnitt oder einen Teilquerschnitt mit
Eigenträgheitsmoment berechnet. Die Verteilungsgrößen ergeben
sich entsprechend Abschnitt II.A.1.

II.C.2   Zustand nach Kriechen und Schwinden

Mit den Unbekannten $X_{u,o}$ hat man zur Zeit t = o die Klaffungen
des statisch bestimmten Grundsystems geschlossen. Zu den nach
Abschnitt II.C.1 bzw. II.A.1 oder II.A.2 ermittelten Verteilungsgrößen ergeben sich zugehörige Umlagerungsgrößen, die ein neuer-
liches Öffnen der Klaffungen am statisch bestimmten Grundsystem
bewirken. Diese können nach Abschnitt II.B berechnet werden.
Neue zeitabhängige statisch unbestimmte Größen $X_{u,t}$ erzeugen
Verteilungs- und Umlagerungsgrößen und schließen zu jedem belie-

bigen Zeitpunkt t diese Klaffungen.

Eine genaue Berechnung der Größen $X_{u,t}$ bzw. derer Endwerte $X_{u,\infty}$ kann nur über Systeme von Integrodifferentialgleichungen erfolgen und kommt für die Praxis nicht in Frage. Nimmt man jedoch die Funktion in φ an, nach der die Unbekannten anwachsen, so ergibt sich ein einfaches baustatisches Berechnungsverfahren. Im allgemeinen liefert die Annahme, daß die Größen $X_{u,t}$ linear mit φ anwachsen, hinreichend genaue Ergebnisse.

Zu den Einheitszuständen $X_{u,\infty} = 1$ werden nach Abschnitt II.A.1 die Verteilungsgrößen und nach Abschnitt II.A.3 die Umlagerungsgrößen für linear mit φ anwachsende Belastungen berechnet. Nach Abschnitt II.B kann man die zugehörigen Klaffungen am statisch bestimmten Grundsystem ermitteln, die sich aus elastischen und plastischen Anteilen zusammensetzen. Sowohl die infolge Kriechens unter Belastung und Schwindens anwachsenden Klaffungen als auch jene aus den Größen $X_{u,\infty}$ werden zweckmäßig über den Stahlanteil ermittelt, wenn dieser ein Eigenträgheitsmoment $J_f \neq o$ aufweist, ansonsten über den Beton.

Die Berechnung der Endwerte $X_{u,\infty}$ der zeitabhängigen Unbekannten erfolgt dann in üblicher Weise [6].

II.C.3 Verformungen

Aufgrund der Gültigkeit des Reduktionssatzes können die Verformungen statisch unbestimmt gelagerter Systeme über die Verformungen eines statisch bestimmt gelagerten Grundsystems nach Abschnitt II.B berechnet werden. Nur wenn die Stahlanteile kein Eigenträgheitsmoment besitzen, sind die Verformungen über den Betonquerschnitt zu rechnen. Dann müssen für Zeitpunkte $t \neq o$ die Verteilungs- und Umlagerungsgrößen im Beton in die Anteile aus dem konstant wirkenden Anfangszustand, aus dem Schwinden am statisch bestimmten Grundsystem und aus der Wirkung der anwachsenden Unbekannten aufgespalten werden.

II.D Vordimensionierung bzw. Dimensionierung

II.D.1 Stahlträgerverbundquerschnitte

Das Problem, Stahlträgerverbundquerschnitte mit und ohne Vorspannung unter Berücksichtigung des Schwindens und Kriechens vorzudimensionieren, hat SCHRADER [17] gelöst.

II.D.2 Spannbetonquerschnitte ($J_z \approx o$)

Für die Vordimensionierung von Spannbetonquerschnitten auf reine Biegung bei voller Vorspannung sind zwei Lastfälle maßgebend:

α) Belastung durch (betragsmäßig) maximales Moment aus Eigengewicht und Verkehr $M_{q,1}$ zur Zeit $t = \omega$. In der Druckzone darf die dafür zulässige Betonspannung σ_1 nicht überschritten werden, während in der vorgedrückten Zugzone keine Zugspannungen auftreten dürfen.

β) Belastung durch (betragsmäßig) minimales Moment aus Eigengewicht und Verkehr $M_{q,2}$ zur Zeit $t = o$. Es darf weder die Druckzone aufreißen noch in der vorgedrückten Zugzone die dafür zulässige Betonspannung σ_2 überschritten werden.

Es ist zu beachten, daß im allgemeinen nicht beide Bedingungen α und β voll ausgenützt werden können. In der Regel wird man trachten, die erste Bedingung α auszunützen.

Mit den nachfolgenden Formeln können zuerst für den Fall α die Trägerhöhe und der Spannstahlquerschnitt ermittelt werden, wobei die Querschnittsparameter

$$\beta = \frac{b}{B} \ , \qquad \delta = \frac{d}{H} \qquad \text{und} \qquad \varepsilon = \frac{e}{H}$$

gewählt werden (Abb. II.1).

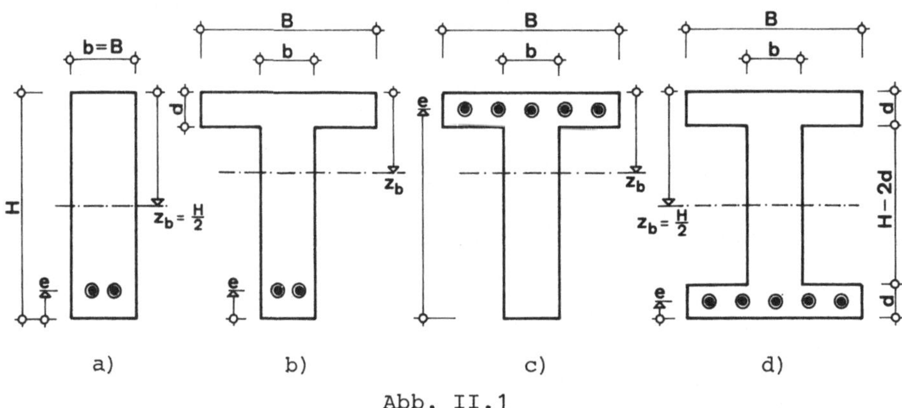

Abb. II.1

Anschließend können mit den nun gegebenen Querschnittswerten die Spannungen für den Fall β überprüft werden, wobei Schwinden und Kriechen in sehr guter Näherung erfaßt werden.

Im Fall α des maximalen Momentes $M_{q,1}$ wird die Verteilung des Verkehrslastanteils auf Beton und Spannstahl genau erfaßt. Durch Verwendung weniger dimensionsloser Koeffizienten $\varkappa$, die in Kurventafeln dargestellt sind (Abb. II.5 - II.9), kann die Vorberechnung von Rechteck-, Plattenbalken- und I- bzw. Kastenquerschnitten in einfacher Weise durchgeführt werden.

Beim Plattenbalkenquerschnitt ist zwischen Belastung mit positivem (Abb. II.1 b) und negativem (Abb. II.1 c) Moment zu unterscheiden.

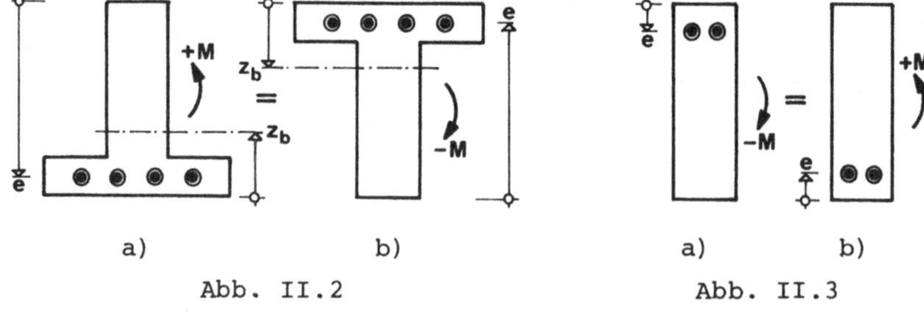

Abb. II.2   Abb. II.3

Ein Querschnitt nach Abb. II.2 a mit positivem Moment kann wie ein Querschnitt nach Abb. II.2 b bzw. Abb. II.1 c behandelt werden, für den die Bemessungsformeln angegeben sind.

Analoges gilt insbesondere auch für doppelt symmetrische Querschnitte mit einseitiger Spannstahllage, wobei der Fall nach Abb. II.3 a auf den nach Abb. II.3 b bzw. nach Abb. II.1 a und II.1 d zurückgeführt werden kann. Durch Ausnützung dieser Tatsache konnte die Anzahl der Kurventafeln klein gehalten werden.

<u>Bezeichnungen</u>

Querschnittswerte:

e .... Abstand der Spannstahlschwerlinie vom Querschnittsrand (Abb. II.1);

$$z_b = \tfrac{1}{2}H\varkappa_s \qquad \text{Schwerpunkt der Betonfläche;}$$

$$F_b = BH\varkappa_f \qquad \text{Betonfläche;} \qquad\qquad (\text{II.57})$$

$$J_b = \tfrac{1}{12}BH^3\varkappa_i \quad \text{Trägheitsmoment des Betons um}$$
seine Schwerachse;

$\varkappa_s = 1.\text{o}$ für doppelt symmetrische Querschnitte;

$\varkappa_s$ .... siehe Abb. II.5 für Plattenbalken;

$\varkappa_f = 1.\text{o}$ für Rechtecke;

$\varkappa_f$ .... siehe Abb. II.6 a für Plattenbalken;

$\varkappa_f$ .... siehe Abb. II.9 a für I- und Kastenquerschnitte;

$\varkappa_i = 1.\text{o}$ für Rechtecke;

$\varkappa_i$ .... siehe Abb. II.6 b für Plattenbalken;

$\varkappa_i$ .... siehe Abb. II.9 b für I- und Kastenquerschnitte;

Schnittbelastungen und Spannungen:

M_g .... Moment aus ständiger Last;

$M_{q,1}$ ...... betragsmäßig größtes Moment aus ständiger Last und Verkehrslast (Fall α);

$M_{q,2}$ ...... betragsmäßig kleinstes Moment aus ständiger Last und Verkehrslast (Fall β);

Z_∞ .... Zugkraft im Spannstahl zur Zeit $t = \infty$ unter $M_{q,1}$;

V_o, V_∞ .... Vorspannkraft zur Zeit $t = o$ bzw. $t = \infty$;

$\sigma_1 < o$ .... zulässige Betondruckspannung in der Druckzone;

$\sigma_2 < o$ .... zulässige Betondruckspannung in der vorgedrückten Zugzone;

Beiwerte für die Dimensionierung:

$n = E_z/E_b$ Verhältnis der E-Moduli von Beton und Spannstahl;

φ_∞ ...... Kriechzahl;

$\varepsilon_{s,\infty}$ ..... Endschwindmaß;

$\varkappa_1 = \dfrac{1}{2}$ Rechteck, positives Moment;

$\varkappa_1 = \varkappa_{1,p}$ Plattenbalken, positives Moment (Abb. II.7 a);

$\varkappa_1 = \varkappa_{1,n}$ Plattenbalken, negatives Moment (Abb. II.8 a);

$\varkappa_1 = \varkappa_{1,I}$ I-, Kastenquerschnitt, positives Moment
(Abb. II.9 c);

$\varkappa_2 = \dfrac{2}{3}$ Rechteck, positives Moment

$\varkappa_2 = \varkappa_{2,p}$ Plattenbalken, positives Moment (Abb. II.7 b)

$\varkappa_2 = \varkappa_{2,n}$ Plattenbalken, negatives Moment (Abb. II.8 b)

$\varkappa_2 = \varkappa_{2,I}$ I-, Kastenquerschnitt, positives Moment
(Abb. II.9 d)

<u>Durchführung der Vorberechnung</u>:

Der Dimensionierung wird der Fall α zugrunde gelegt, anschließen wird kontrolliert, daß im Fall β im Beton weder Zugspannungen noch unzulässig hohe Druckspannungen auftreten.

Anzunehmen sind die Parameter β, δ und ε und die Breite B; in Sonderfällen kann H gewählt werden.
Es ergeben sich folgende Formeln, deren Ableitung anschließend gezeigt wird.

<u>Dimensionierung für maximales Moment und $t = \infty$</u>:

B angenommen $\longrightarrow$ $H \cong \sqrt{\dfrac{-M_{q,1}}{\varkappa_1(\varkappa_2-\varepsilon)B\sigma_1}}$

H angenommen $\longrightarrow$ $B \cong \dfrac{-M_{q,1}}{\varkappa_1(\varkappa_2-\varepsilon)H^2\sigma_1}$

(a)

39

$$Z_\infty = \frac{M_{q,1}}{(\varkappa_2 - \varepsilon)H} \quad\longrightarrow\quad F_z \text{ schätzen} \tag{b}$$

<u>Kontrolle für minimales Moment und $t = o$:</u>

$$F_{br} = \frac{1}{n}BH\varkappa_f; \quad J_{br} = \frac{1}{n}\cdot\frac{BH^3}{12}\varkappa_i; \quad a = H(1-\frac{\varkappa_s}{2}-\varepsilon)$$
$$\mu_f = \frac{F_z}{F_{br}}; \qquad \mu_i = \frac{F_z a^2}{J_{br}} \tag{c}$$

$$V_\infty = Z_\infty - \mu_i \frac{M_{q,1}-M_g}{a}$$
$$V_o \approx V_\infty (1+\frac{\varphi_\infty}{1o}) \quad\longrightarrow\quad \sigma_{z,o} = \frac{V_o}{F_z} \quad [\text{Mp/cm}^2] \tag{d}$$

$$k_\varphi = 1 + \frac{\varphi_\infty}{(1+\mu_f)(1+\mu_i)}\left[\frac{1}{5\sigma_{z,o}} + \mu_f + \mu_i\left(1-\frac{M_g}{aV_o}\right)\right] \approx 1+\frac{\varphi_\infty}{1o} \tag{e}$$

$$V_o = V_\infty k_\varphi \tag{f}$$

$$\varkappa_o = \frac{\varkappa_i}{6\varkappa_s}; \qquad \varkappa_u = \frac{\varkappa_i}{6(2-\varkappa_s)}$$
$$\sigma_{b,o} \approx -\frac{1}{\varkappa_o BH^2}\left[V_o(\frac{\varkappa_o}{\varkappa_f}H-a) + M_{q,2}\right] \tag{g}$$
$$\sigma_{b,u} \approx -\frac{1}{\varkappa_u BH^2}\left[V_o(\frac{\varkappa_u}{\varkappa_f}H+a) - M_{q,2}\right]$$

Wenn $M_{q,1} > o$: $\qquad \sigma_{b,o} \leqq o$; $\quad \sigma_{b,u} \geqq \sigma_2$

Wenn $M_{q,1} < o$: $\qquad \sigma_{b,o} \geqq \sigma_2$; $\quad \sigma_{b,u} \leqq o$

Zu diesen Formeln ist folgendes zu vermerken:
Nach Abb. II.1 kann ε zwischen o und 1 liegen. Bei positiven
Momenten wird in der Regel $\varepsilon \geqq o.1$, bei negativen Momenten
$\varepsilon \leqq o.9$ gelten. Bei Plattenbalken nach Abb. II.1 c ergibt sich
$\varepsilon = 1-\delta/2$.

V_o kann nach (d) vorberechnet und nach (e) und (f) verbessert
werden. Die beiden Ausdrücke $\sigma_{b,o}$ und $\sigma_{b,u}$ nach (g) sind genau,
wenn $M_{q,2} = M_g$ ist.

Wenn infolge großer Unterschiede zwischen $M_{q,1}$ und $M_{q,2}$ die

Spannungen $\sigma_{b,o}$ bzw. $\sigma_{b,u}$ nach (g) nicht eingehalten werden,
ist eine Korrektur notwendig und in einfacher Weise möglich.
Man wird entweder H vergrößern bzw. den Spannstahl weniger exzentrisch anordnen oder bei Querschnitten nach Abb. II.1b den
Steg im Bereich des Spannstahls verbreitern (Abb. II.4). Mit
dem abgeänderten Wert b' können die obigen Formeln näherungsweise wieder Verwendung finden.

$$b' = b\,\frac{\sigma_{b,u}}{\sigma_2} \longrightarrow b_u = b' + (b'-b)\frac{1-\delta-2\varepsilon}{2\varepsilon} \qquad (II.58\ a,b)$$

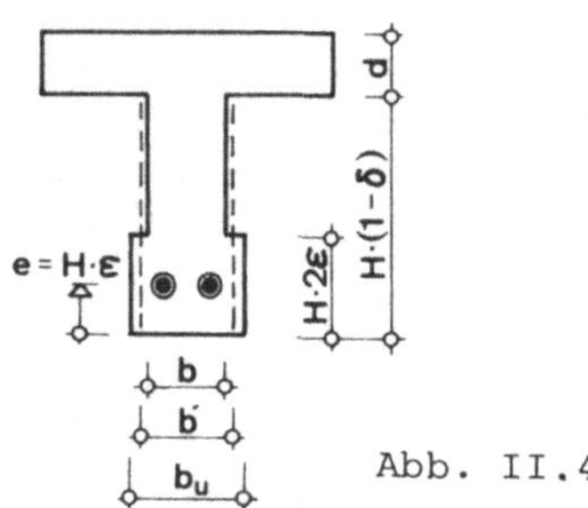

Abb. II.4

Eine ähnliche Maßnahme wird
auch im Betonkalender 1975,
1. Teil, S. 865, empfohlen.

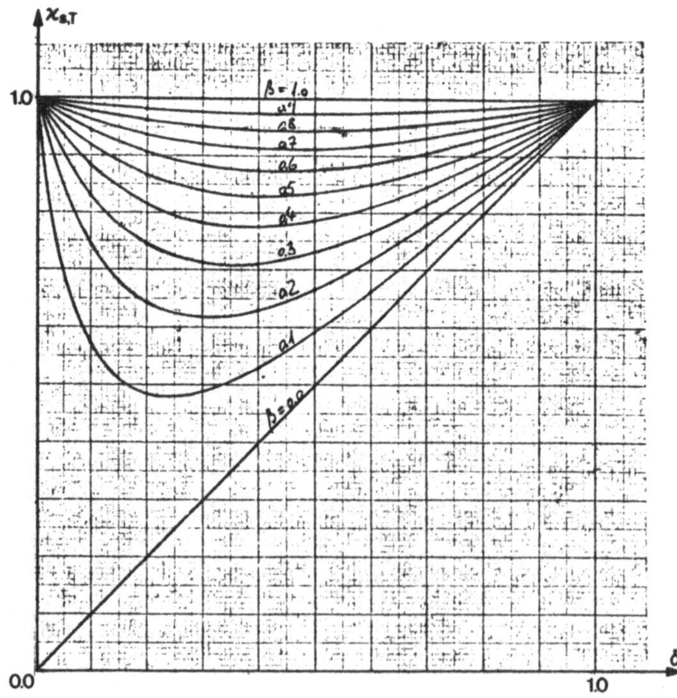

Abb. II.5

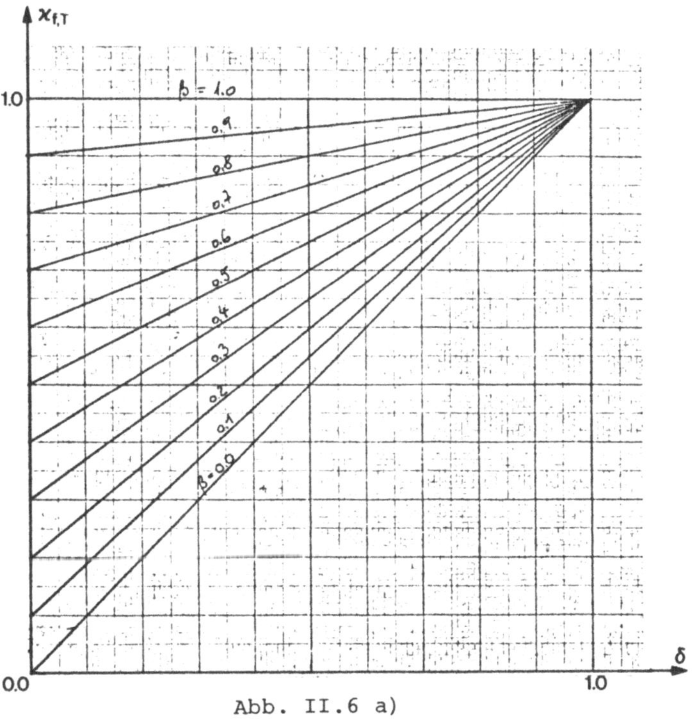

Abb. II.6 a)

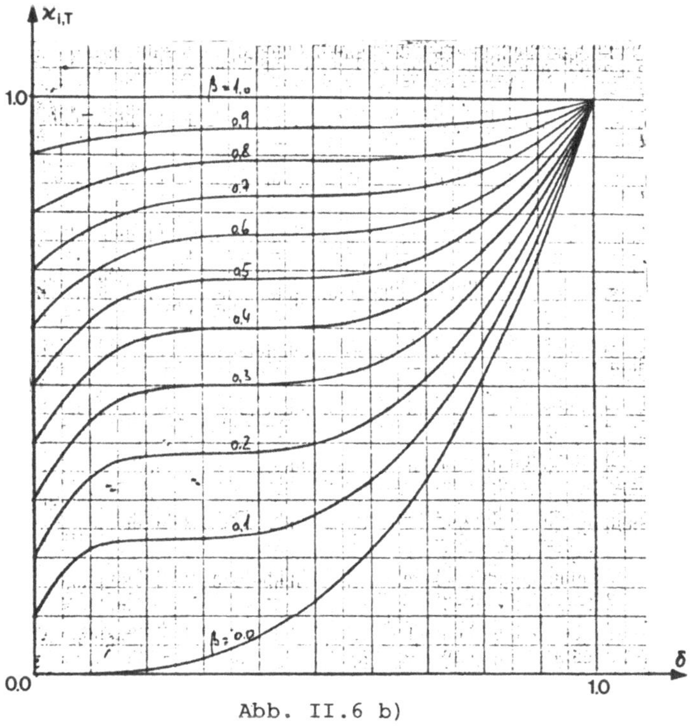

Abb. II.6 b)

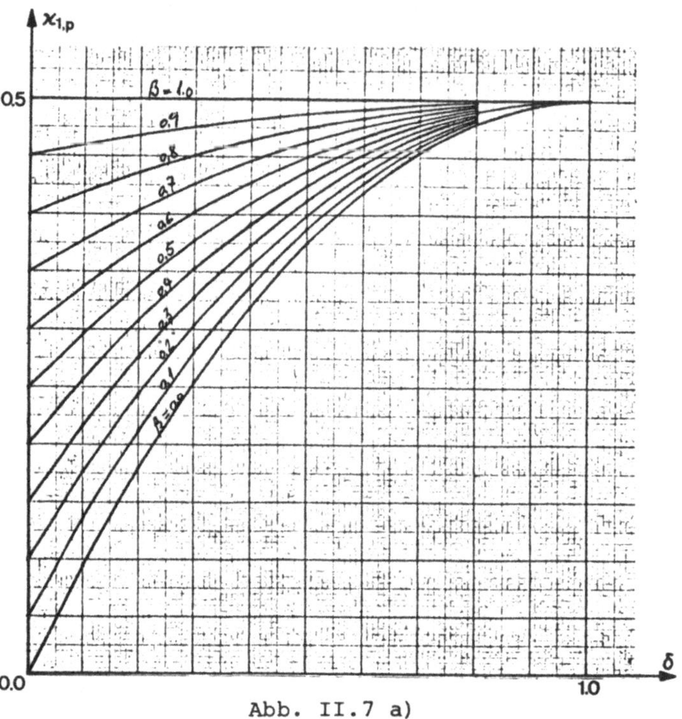

Abb. II.7 a)

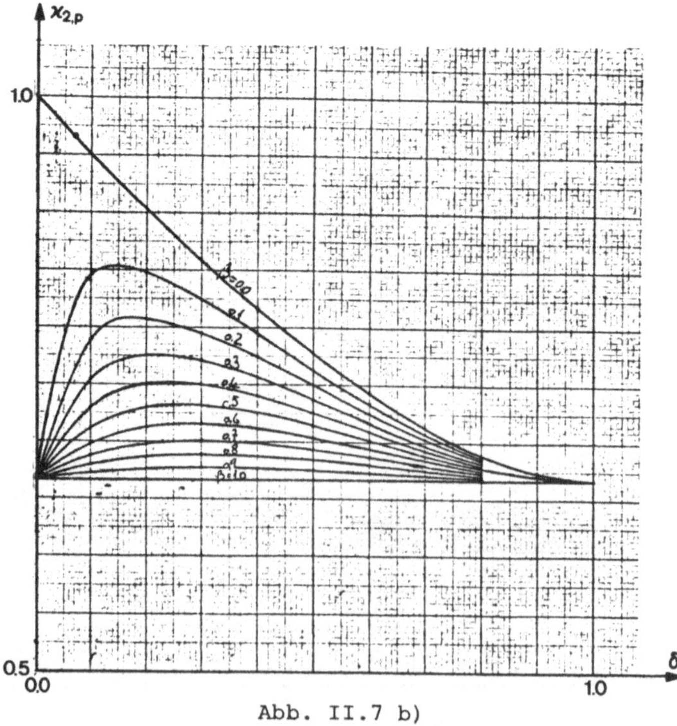

Abb. II.7 b)

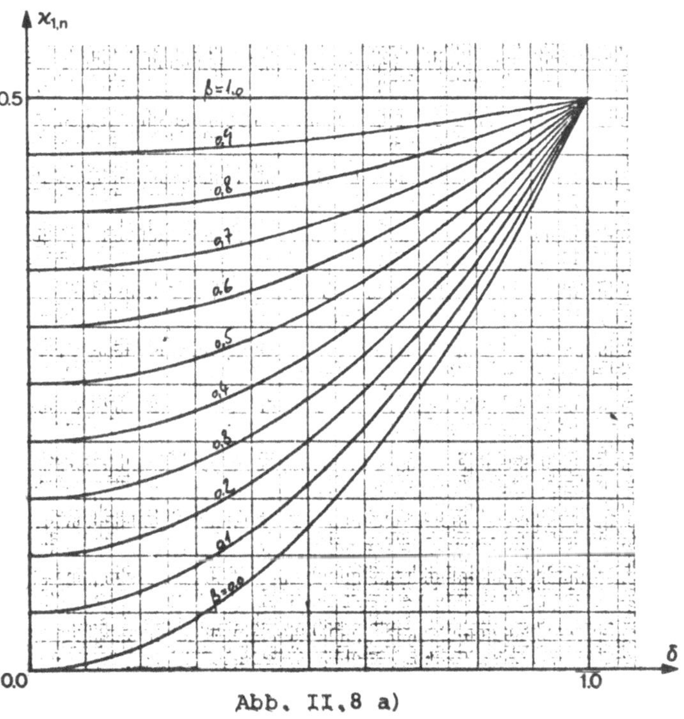

Abb. II.8 a)

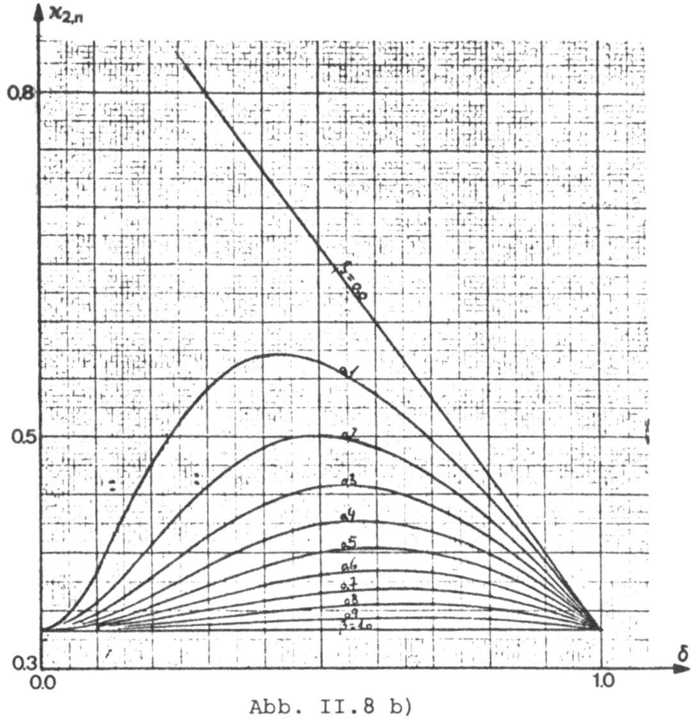

Abb. II.8 b)

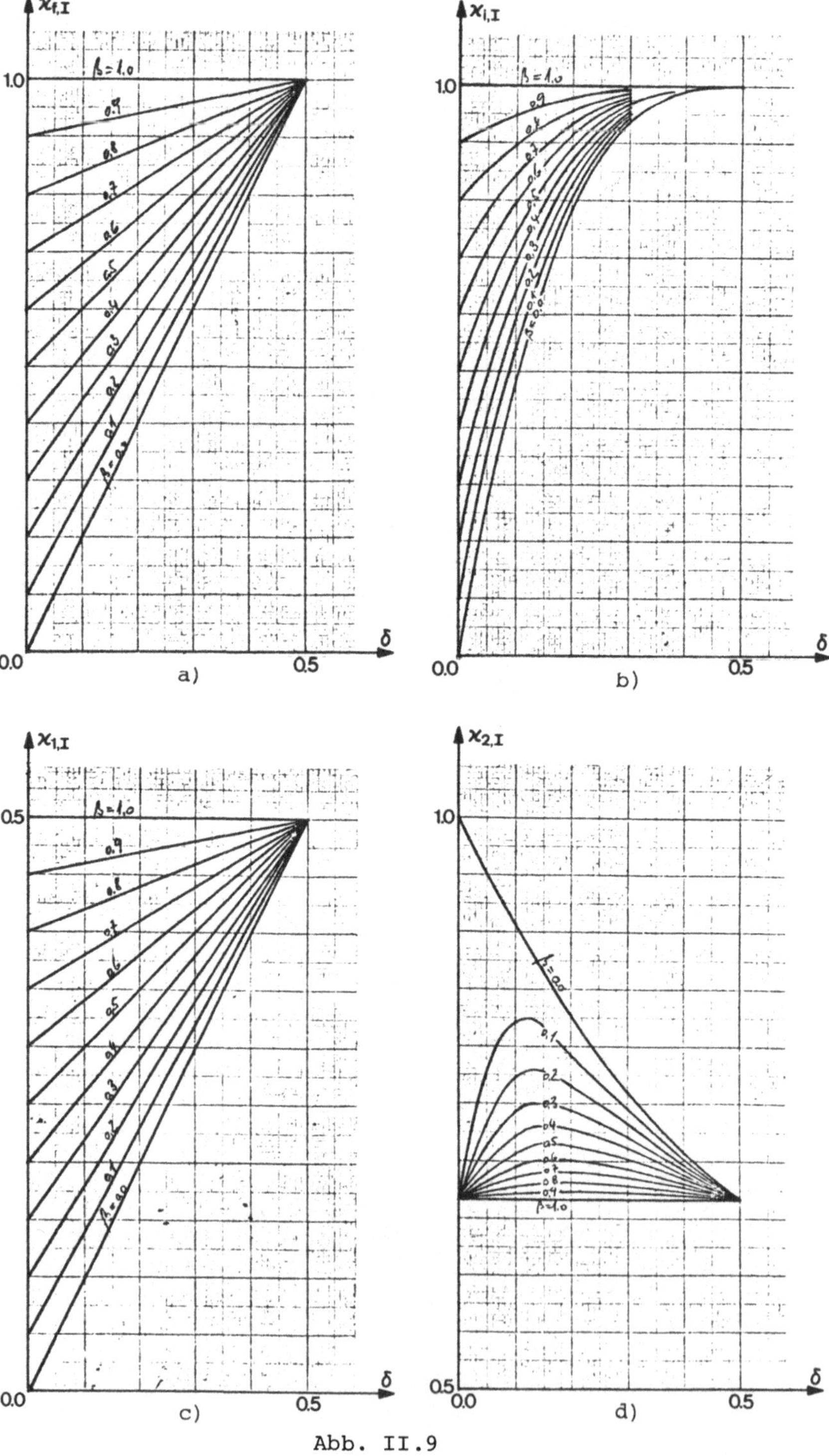

Abb. II.9

<u>Herleitung der Bemessungsformeln:</u>

Zuerst werden die Formeln zur Ermittlung der Querschnittswerte F_b, z_b, J_b bzw. der zugehörigen Koeffizienten $\varkappa_f$, $\varkappa_s$, $\varkappa_i$ in Funktion der anzunehmenden Querschnittsparameter β und δ für Plattenbalkenquerschnitte (Abb. II.1o) abgeleitet. Für I- bzw. Kastenquerschnitte sind die entsprechenden Formeln für $\varkappa_f$, $\varkappa_s$ und $\varkappa_i$ ohne Herleitung angeführt (II.6o). Der Sonderfall des Rechtecks ist mit $\beta = 1$ eingeschlossen.

Anschließend wird die Entwicklung der Bemessungsformeln und der Koeffizienten $\varkappa_1$ und $\varkappa_2$ an Hand von Plattenbalkenquerschnitten sowohl für positives Moment (Abb. II.1o a,b) als auch für negatives Moment (Abb. II.1o c,d) gezeigt. Mit den entsprechenden Koeffizienten $\varkappa_{1,I}$ und $\varkappa_{2,I}$ für I- bzw. Kastenquerschnitte gelten die gefundenen Formeln auch für diese.

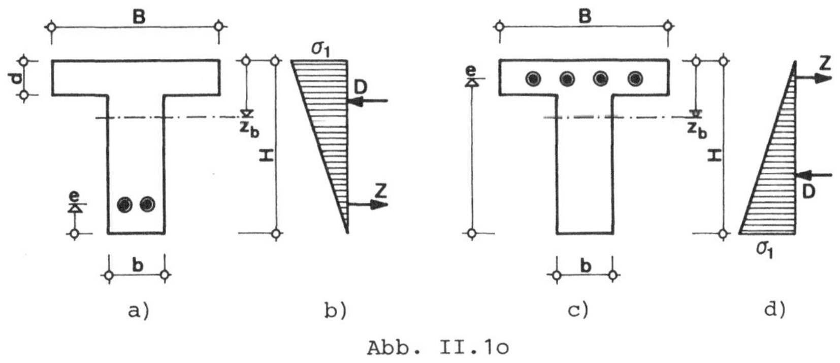

a)   b)   c)   d)

Abb. II.1o

<u>Querschnittswerte des Betons</u> $\left(\beta = \dfrac{b}{B};\ \delta = \dfrac{d}{H}\right)$

Fläche:

$$F_b = bH + (B-b)d = BH\left[\beta + (1-\beta)\delta\right] = BH\varkappa_f \qquad (II.57\ a)$$

Statisches Moment um Oberkante:

$$S_{b,OK} = \tfrac{1}{2}bH^2 + \tfrac{1}{2}(B-b)d^2 = \tfrac{1}{2}BH^2\left[\beta + (1-\beta)\delta^2\right]$$

Schwerlinie:

$$z_b = \frac{S_{b,OK}}{F_b} = \frac{H}{2} \cdot \frac{1}{\varkappa_f} \cdot \left[\beta + (1-\beta)\delta^2 \right] = \frac{H}{2}\varkappa_s \qquad \text{(II.57 b)}$$

Trägheitsmoment:

$$J_b = \frac{bH^3}{12} + \frac{(B-b)d^3}{12} + bH\left(\frac{H}{2} - z_b\right)^2 + (B-\bar{b})d\left(z_b - \frac{d}{2}\right)^2 =$$

$$= \frac{BH^3}{12} \cdot \left[\beta + (1-\beta)\delta^3 + 3\beta(1-\varkappa_s)^2 + 3(1-\beta)\delta(\varkappa_s-\delta)^2 \right] =$$

$$= \frac{BH^3}{12}\varkappa_i \qquad \text{(II.57 c)}$$

Damit ergibt sich
für den Plattenbalken:

$$\varkappa_f = \beta + (1-\beta)\delta$$

$$\varkappa_s = \frac{1}{\varkappa_f}\left[\beta + (1-\beta)\delta^2 \right] \qquad \text{(II.59 a,b,c)}$$

$$\varkappa_i = \beta + (1-\beta)\delta^3 + 3\beta(1-\varkappa_s)^2 + 3(1-\beta)\delta(\varkappa_s-\delta)^2$$

Für symmetrische I- und Kastenquerschnitte gilt:

$$\varkappa_f = 1 - (1-\beta)(1-2\delta)$$

$$\varkappa_s = 1 \qquad \text{(II.60 a,b,c)}$$

$$\varkappa_i = 1 - (1-\beta)(1-2\delta)^3$$

<u>Bedingungsgleichung für positives Moment (Abb. II.1o a und b):</u>

Druckkraft:

$$D = \frac{1}{2}bH\sigma_1 + (B-b)d\sigma_1 - \frac{1}{2}(B-b)d\sigma_1\frac{d}{H} =$$

$$= \frac{BH\sigma_1}{2} \cdot \left[\beta + 2(1-\beta)\delta\left(1-\frac{\delta}{2}\right) \right] = \frac{BH\sigma_1}{2} \cdot f_{d,p} \qquad \text{(II.61)}$$

Moment um Unterkante:

$$M_{UK} = -\frac{1}{2}bH\sigma_1 \cdot \frac{2H}{3} - (B-b)d\sigma_1 \cdot \left(H-\frac{d}{2}\right) +$$

$$+ \frac{1}{2}(B-b)\frac{d^2}{H}\sigma_1 \cdot \left(H-\frac{2d}{3}\right) = \qquad \text{(II.62)}$$

$$= -\frac{BH^2\sigma_1}{2}\left[\frac{2}{3}\beta + 2(1-\beta)\delta\left(1-\delta-\frac{\delta^2}{3}\right)\right] = -\frac{BH^2\sigma_1}{2} \cdot f_{m,p}$$

$$f_{d,p} = \beta + 2(1-\beta)\delta(1-\tfrac{\delta}{2})$$

$$f_{m,p} = \tfrac{2}{3}\beta + 2(1-\beta)\delta(1-\delta-\tfrac{\delta^2}{3}) \qquad \text{(II.63 a,b)}$$

Moment:

$$M_{q,1} = M_{UK} + eD = -\frac{BH^2\sigma_1}{2}\Big[f_{m,p}-\varepsilon f_{d,p}\Big] \qquad \text{(II.64)}$$

Bedingungsgleichung für negatives Moment (Abb. II.1o c und d):

Druckkraft:

$$D = \tfrac{1}{2}bH\sigma_1 + (B-b)d\sigma_1\frac{d}{H} = \frac{BH\sigma_1}{2}\Big[\beta + (1-\beta)\delta^2\Big] =$$

$$= \frac{BH\sigma_1}{2}\cdot f_{d,n} \qquad \text{(II.65)}$$

Moment um Unterkante:

$$M_{UK} = -\tfrac{1}{2}bH\sigma_1\cdot\frac{H}{3} - \tfrac{1}{2}(B-b)\frac{d^2}{H}\sigma_1\cdot(H-\tfrac{2d}{3}) =$$

$$= -\frac{BH^2\sigma_1}{2}\cdot\Big[\tfrac{1}{3}\beta + (1-\beta)\delta^2(1-\tfrac{2}{3}\delta)\Big] = -\frac{BH^2\sigma_1}{2}\cdot f_{m,n} \qquad \text{(II.66)}$$

$$f_{d,n} = \beta + (1-\beta)\delta^2$$

$$f_{m,n} = \tfrac{1}{3}\beta + (1-\beta)\delta^2(1-\tfrac{2}{3}\delta) \qquad \text{(II.67 a,b)}$$

Moment:

$$M_{q,1} = M_{UK} + eD = -\frac{BH^2\sigma_1}{2}\Big[f_{m,n}-\varepsilon f_{d,n}\Big] \qquad \text{(II.68)}$$

Allgemein gilt für positive und negative Momente und alle behandelten Querschnitte:

$$M_{q,1} = M_{UK} + eD = -\frac{BH^2\sigma_1}{2}\Big[f_m-\varepsilon f_d\Big] = -\frac{f_d}{2}BH^2\sigma_1\Big[\frac{f_m}{f_d} - \varepsilon\Big]$$

$$\varkappa_1 = \frac{f_d}{2} \;;\quad \varkappa_2 = \frac{f_m}{f_d} \qquad \text{(II.69 a,b)}$$

$$M_{q,1} = -\varkappa_1 BH^2\sigma_1(\varkappa_2-\varepsilon) \;\longrightarrow\; H = \sqrt{\frac{-M_{q,1}}{\varkappa_1(\varkappa_2-\varepsilon)B\sigma_1}} \qquad \text{(II.7o)}$$

$$D = \varkappa_1 BH\sigma_1 = -Z_\infty$$

$$M_{q,1} = Z_\infty H(\varkappa_2-\varepsilon) \;\longrightarrow\; Z_\infty = \frac{M_{q,1}}{(\varkappa_2-\varepsilon)H} \qquad \text{(II.71)}$$

Für die verschiedenen Querschnittsformen ergeben sich die Koeffizienten $\varkappa_1$ und $\varkappa_2$ auf folgende Weise:

Rechteck:

$$\varkappa_{1,R} = \frac{1}{2}$$

$$\varkappa_{2,R} = \frac{2}{3}$$

$$(II.72\ a,b)$$

Plattenbalken, positives Moment:

$$\varkappa_{1,p} = \frac{1}{2}\cdot\left[\beta + 2(1-\beta)\,\delta\,(1-\tfrac{1}{2}\delta)\right]$$

$$\varkappa_{2,p} = \frac{\frac{2}{3}\beta + 2(1-\beta)\,\delta\,(1-\delta-\tfrac{1}{3}\delta^2)}{\beta + 2(1-\beta)\,\delta\,(1-\tfrac{1}{2}\delta)}$$

$$(II.73\ a,b)$$

Plattenbalken, negatives Moment:

$$\varkappa_{1,n} = \frac{1}{2}\left[\beta + (1-\beta)\,\delta^2\right]$$

$$\varkappa_{2,n} = \frac{\frac{1}{3}\beta + (1-\beta)\,\delta^2\,(1-\tfrac{2}{3}\delta)}{\beta + (1-\beta)\,\delta^2}$$

$$(II.74\ a,b)$$

I-Querschnitt, Kasten:

$$\varkappa_{1,I} = \frac{1}{2}\cdot\left[1 - (1-\beta)(1-2\delta)\right]$$

$$\varkappa_{2,I} = \frac{2\cdot[1 - (1-\beta)(1-3\delta+3\delta^2-2\delta^3)]}{3\cdot[1 - (1-\beta)(1-2\delta)]}$$

$$(II.75\ a,b)$$

Die Koeffizienten sind in den Tafeln (Abb. II.4 - II.8) dargestellt.

Die zur Zeit $t = \infty$ unter der Belastung $M_{q,1}$ im Spannstahl vorhandene Gesamtzugkraft Z_∞ setzt sich aus der noch wirksamen Vorspannkraft V_∞ und der Verteilungsgröße $N_{z,o}$ aus Verkehrslast $(M_{q,1} - M_g)$ zusammen.

$$Z_\infty = V_\infty + N_{z,o} \qquad (II.76)$$

$$N_{z,o} = (M_{q,1} - M_g)\,\frac{F_z}{J_i}\,(z_z - z_i) \qquad (II.77)$$

Bedeutet z_z die Ordinate des Spannstahls, z_i die Ordinate des Schwerpunktes des ideellen Querschnitts, so wird mit der Näherung $z_z - z_i \approx a$, $J_i \approx J_{br}$ und mit $\mu_i = F_z a^2 / J_{br}$ aus (II.77)

$$N_{z,o} = \mu_i \frac{M_{q,1} - M_g}{a} \qquad \text{(II.78)}$$

Aus (II.76) ergibt sich damit

$$V_\infty = Z_\infty - \mu_i \frac{M_{q,1} - M_g}{a} \qquad \text{(II.79)}$$

Vorspannkraft zur Zeit $t = o$:

Es gilt

$$V_o = V_\infty k_\varphi . \qquad \text{(II.8o)}$$

Der Ermittlung von k_φ wird die genaue Formel (II.36 a) für die Umlagerungsgröße ΔV aus Kriechen und Schwinden zugrunde gelegt.

$$\Delta V = N_{z,t} = -\frac{J_{br}}{J_{b,f}} \left[\frac{\varepsilon_{s,\infty}}{\varphi_\infty} E_z F_{br} - N_{b,o} - \frac{a F_{br}}{J_{br}} M_{b,o} \right] (1 - e^{-\alpha_{z,o} \varphi_\infty})$$

$$\text{(II.81)}$$

Darin ist

$$N_{b,o} = -V_o ; \quad M_{b,o} = M_g - a V_o ; \quad \alpha_{z,o} = \frac{F_z J_{b,f}}{F_i J_i} .$$

Es wird angenommen, daß sowohl die ständige Last als auch die Vorspannung auf den Betonquerschnitt wirken. Aus den Vorschriften erkennt man, daß das Verhältnis $\varepsilon_{s,\infty}/\varphi_\infty \approx 10^{-4}$ nahezu unabhängig von der Größe von φ_∞ ist. Somit ergibt sich mit $E_z \approx 2000$ Mp/cm^2 in Näherung

$$\frac{\varepsilon_{s,\infty}}{\varphi_\infty} E_z \approx 10^{-4} \cdot 2000 = \frac{1}{5} \qquad \text{(II.82)}$$

Linearisiert ist

$$1 - e^{-\alpha_{z,o} \varphi_\infty} \approx \alpha_{z,o} \varphi_\infty = \frac{F_z J_{b,f}}{F_i J_i} \varphi_\infty \qquad \text{(II.83)}$$

Damit gilt näherungsweise:

$$\Delta V \approx -\frac{F_z J_{br}}{F_i J_i} \varphi_\infty \left[\frac{F_{br}}{5} + V_o - \frac{a F_{br}}{J_{br}} (M_g - a V_o) \right] \qquad \text{(II.84)}$$

Mit

$$\mu_f = \frac{F_z}{F_{br}} ; \quad \mu_i = \frac{F_z a^2}{J_{br}} ; \quad F_i = F_{br} + F_z = F_{br} (1 + \mu_f)$$

50

und

$$J_i \approx J_{br} + F_z a^2 = J_{br}(1+\mu_i)$$

ergibt sich weiter

$$\Delta V \approx - \frac{\varphi_\infty}{(1+\mu_f)(1+\mu_i)} \left[\frac{F_z}{5} + \mu_f V_o + \mu_i (V_o - \frac{M_g}{a}) \right] \qquad (II.85)$$

$$V_\infty = V_o + \Delta V = \frac{V_o}{k_\varphi} \longrightarrow \frac{1}{k_\varphi} = 1 + \frac{\Delta V}{V_o} \longrightarrow k_\varphi \approx 1 - \frac{\Delta V}{V_o}$$

Durch diese linearisierte Kehrwertbildung wird der durch die erste Linearisierung (II.83) entstandene Fehler weitgehend, kompensiert.

Mit $\sigma_{z,o} = V_o/F_z$ [Mp/cm^2] erhält man:

$$k_\varphi = 1 + \frac{\varphi_\infty}{(1+\mu_f)(1+\mu_i)} \left[\frac{1}{5\sigma_{z,o}} + \mu_f + \mu_i (1 - \frac{M_g}{aV_o}) \right] \qquad (II.86\ a)$$

und in Näherung

$$k_\varphi \approx 1 + \frac{\varphi_\infty}{10} \qquad (II.86\ b)$$

Damit kann der erste Wert für V_o bestimmt werden, der in (II.86 a) einzusetzen ist.

Spannungen für die minimale Belastung mit $M_{q,2}$:

Ständige Last und Vorspannung werden auf den reinen Betonquerschnitt wirkend angenommen, ebenso in Näherung die Verkehrslast $M_{q,1} - M_g$.

Aus

$$\sigma_{b,o} \approx - \frac{V_o}{F_b} - \frac{z_b}{J_b} (M_{q,2} - aV_o)$$

und

$$\sigma_{b,u} \approx - \frac{V_o}{F_b} + \frac{H-z_b}{J_b} (M_{q,2} - aV_o)$$

$$(II.87\ a,b)$$

erhält man

$$\sigma_{b,o} \approx - \frac{6}{BH^2} \cdot \frac{\varkappa_s}{\varkappa_i} \left[V_o (H \cdot \frac{\varkappa_i}{6\,\varkappa_s \varkappa_f} - a) + M_{q,2} \right]$$

$$(II.88\ a,b)$$

$$\sigma_{b,u} \approx - \frac{6}{BH^2} \cdot \frac{2-\varkappa_s}{\varkappa_i} \left[V_o (H \cdot \frac{\varkappa_i}{6(2-\varkappa_s)\varkappa_f} + a) - M_{q,2} \right]$$

Setzt man $\varkappa_o = \varkappa_i/6\varkappa_s$ und $\varkappa_u = \varkappa_i/6(2-\varkappa_s)$ (für das Rechteck ergibt sich $\varkappa_o = \varkappa_u = 1/6$), so erhält man schließlich

$$\sigma_{b,o} \approx - \frac{1}{\varkappa_o BH^2} \left[V_o \left(\frac{\varkappa_o}{\varkappa_i} H - a \right) + M_{q,2} \right]$$

$$\sigma_{b,u} \approx - \frac{1}{\varkappa_u BH^2} \left[V_o \left(\frac{\varkappa_u}{\varkappa_i} H + a \right) - M_{q,2} \right]$$

(II.89 a,b)

Ähnliche Gedankengänge, jedoch mit einem anderen Aufbau, liegen den Bemessungsformeln nach LEONHARDT [2] (Seite 372 ÷ 396) zugrunde.

II.D.3 Zahlenbeispiele zu II.D.2

In den Zahlenbeispielen wird die Vorberechnung für die verschiedenen Querschnittsformen nach den Formeln (a) bis (g) gezeigt, wobei positive und negative Momentenbelastungen betrachtet werden. Die Dimensionierung erfolgt zuerst nach (a) und (b) aufgrund des betragsmäßig maximalen Moments $M_{q,1}$. Die Kontrollrechnung für das minimale Moment $M_{q,2}$ nach (c) bis (g) ist von Bedeutung, wenn das Verhältnis $\max M / \min M = M_{q,1} / M_{q,2}$ groß, oder wenn die Breite der vorgedrückten Zugzone klein ist. Erfüllt die Kontrollrechnung nicht die vorgegebenen Bedingungen, so muß im allgemeinen die Exzentrizität des Spannstahls - gekennzeichnet durch den Wert ε - verringert werden. Bei Plattenbalken kann es vorteilhaft sein, den Steg im Bereich des Spannstahls zu verbreitern.

Es ist zu beachten, daß spannungsmäßig richtig dimensionierte Querschnitte im Hinblick auf die Verformungen des Systems unter Umständen unbrauchbar sein können. Im allgemeinen muß die Querschnittshöhe H mindestens 1/2o bis 1/15 der Stützweite betragen.

Den folgenden Beispielen 1 bis 4 liegen zu Vergleichszwecken die gleichen Momente $\left| M_{q,1} \right| = 5oo$ Mpm und $\left| M_{q,2} \right| = \left| M_g \right| = 2oo$ Mpm zugrunde. Es werden folgende Materialannahmen getroffen:

Beton:

Bn 35o nach DIN 4227:
$\quad E_b = 34o \ Mp/cm^2$
$\quad \sigma_1 = -o.14o \ Mp/cm^2 \ $ (Rechteck)
$\quad \sigma_1 = -o.13o \ Mp/cm^2 \ $ (Platte)
$\quad \sigma_2 = -o.17o \ Mp/cm^2 \ $ (Rechteck)
$\quad \sigma_2 = -o.16o \ Mp/cm^2 \ $ (Platte)

Das Kriechen wird mit φ_∞ = 2.o und das Schwinden mit
$\varepsilon_{s,\infty}$ = 2.o $\cdot$ 1o^{-4} = $\varphi_\infty \cdot$ 1o^{-4} berücksichtigt.

<u>Spannstahl:</u>

Für eine überschlägige Ermittlung von F_z aus Z_∞ wird eine ver-
ringerte zulässige Spannstahlspannung $\sigma_{z,\infty}$ angenommen (für die
nachfolgenden Beispiele $\sigma_{z,\infty}$ $\approx$ 7.o Mp/cm^2). Die endgültige Ermittlung der Spannstahlfläche erfolgt in herkömmlicher Weise
mittels V_o und wird im Rahmen dieser Beispiele nicht gezeigt.

Der Elastizitätsmodul wird mit

$$E_z = 2o5o \text{ Mp/cm}^2$$

angenommen. Somit ergibt sich n = E_z/E_b = 6.029 $\approx$ 6. Die Werte,
die sich aus einer mit den gefundenen Querschnitten nachträglich
durchgeführten genauen Berechnung ergeben, sind zum Vergleich in
runden Klammern () angegeben.

<u>Beispiel 1: Rechteckquerschnitt</u>   ($M_{q,1}$ = +5oo, $M_{q,2}$ = +2oo)

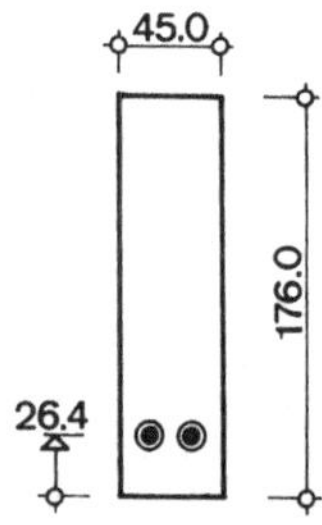

Abb. II.11

<u>Annahmen:</u> B = 45 cm, ε = o.15

(a) $H \ge \sqrt{\dfrac{-5o\ ooo}{o.5oo(o.667-o.15o)\,45(-o.14o)}}$ = 175.3 cm

   <u>gewählt:</u> H = 176 cm, e = 26.4 cm

(b) $Z_\infty = \dfrac{5o\ ooo}{(o.667-o.15o)\cdot176}$ = 549.9 Mp

   <u>Annahme:</u> F_z = 75 cm^2

(c) Querschnittswerte: $F_{br} = \dfrac{1}{6}\cdot45\cdot176$ = 132o cm^2

   $J_{br} = \dfrac{1}{6}\cdot\dfrac{45\cdot176^3}{12}$ = 3 4o7 36o cm^4

$$a = 176 \cdot (0.500 - 0.150) = 61.60 \text{ cm}$$

$$\mu_f = \frac{75}{1320} = 0.0568$$

$$\mu_i = \frac{75 \cdot 61.60^2}{3\,407\,360} = 0.0835$$

(d) $\quad V_\infty = 549.9 - 0.0835 \cdot \dfrac{30\,000}{61.60} = 509.2 \text{ Mp} \quad (499.9 \text{ Mp})$

$$V_0 \approx 509.2 \cdot (1 + \tfrac{2}{10}) = 611.1 \text{ Mp} \longrightarrow \sigma_{z,0} \approx 8.15 \text{ Mp/cm}^2$$

(e) $\quad k_\varphi = 1 + \dfrac{2.0}{1.0568 \cdot 1.0835} \left[\dfrac{1}{5 \cdot 8.15} + 0.0568 + \right.$

$$\left. + \; 0.0835 \cdot (1 - \dfrac{20\,000}{61.60 \cdot 611.1}) \right] = 1.210 \quad (1.233)$$

(f) $\quad V_0 = 509.2 \cdot 1.210 = 616.3 \text{ Mp}$

(g) $\quad \varkappa_o = \varkappa_u = \dfrac{1}{6}$

$$\sigma_{b,o} = - \dfrac{6}{45 \cdot 176^2} \left[616.3 \cdot (\dfrac{176}{6} - 61.60) + 20\,000 \right] =$$

$$= -0.0005 \text{ Mp/cm}^2 < 0$$

$$\sigma_{b,u} = - \dfrac{6}{45 \cdot 176^2} \left[616.3 \cdot (\dfrac{176}{6} + 61.60) - 20\,000 \right] =$$

$$= -0.1551 \text{ Mp/cm}^2 > -0.170$$

<u>Beispiel 2: Plattenbalken</u> $(M_{q,1} = +500, \; M_{q,2} = +200)$

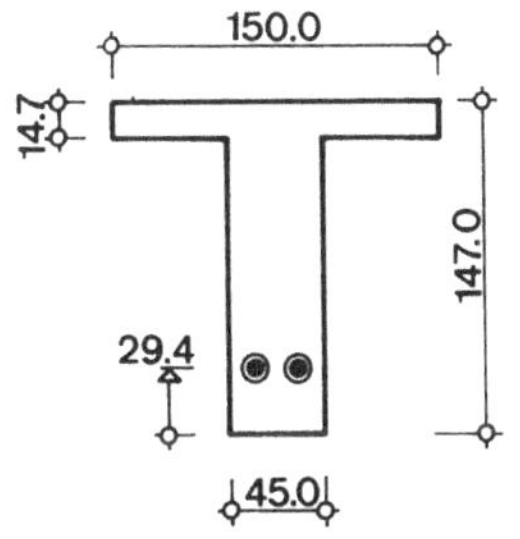

Abb. II.12

<u>Annahmen:</u> $\quad B = 150 \text{ cm}$

$$\beta = 0.30$$

$$\delta = 0.10$$

$$\varepsilon = 0.20$$

Aus den Tafeln erhält man:

$$\varkappa_s = 0.830, \quad \varkappa_f = 0.370, \quad \varkappa_i = 0.439$$

$$\varkappa_{1,p} = 0.216, \quad \varkappa_{2,p} = 0.754$$

(a) $H \cong \sqrt{\dfrac{-50\,000}{0.216\cdot(0.754-0.200)\cdot150\cdot(-0.130)}} = 146.4$ cm

    <u>gewählt:</u> H = 147 cm, e = 29.4 cm

(b) $Z_\infty = \dfrac{50\,000}{(0.754-0.200)\cdot147} = 614.0$ Mp $\longrightarrow$ $F_z = 88$ cm^2

(c) Querschnittswerte: $F_{br} = \dfrac{1}{6}\cdot150\cdot147\cdot0.370 = 1360$ cm^2

$$J_{br} = \frac{1}{6}\cdot\frac{150\cdot147^3}{12}\cdot0.439 \approx 2\,905\,000 \text{ cm}^4$$

$$a = 147\cdot(1.0-0.415-0.200) = 56.60 \text{ cm}$$

$$\mu_f = \frac{88}{1360} = 0.0647$$

$$\mu_i = \frac{88\cdot56.60^2}{2\,905\,000} = 0.0970$$

(d) $V_\infty = 614.0-0.0970\cdot\dfrac{30\,000}{56.60} = 562.6$ Mp   (549.7 Mp)

$\quad V_0 \approx 562.6\cdot(1+\dfrac{2}{10}) = 675.1$ Mp $\longrightarrow$ $\sigma_{z,0} \approx 7.67$ Mp/cm^2

(e) $k_\varphi = 1 + \dfrac{2.0}{1.0647\cdot1.0970}\left[\dfrac{1}{5\cdot7.67} + 0.0647 + \right.$

$\quad\quad \left. + 0.0970\cdot(1 - \dfrac{20\,000}{56.60\cdot675.2})\right] = 1.235 \quad (1.263)$

(f) $V_0 = 562.6\cdot1.235 = 694.6$ Mp

(g) $\varkappa_\sigma = \dfrac{0.439}{6\cdot0.830} = 0.0883$

$\quad \varkappa_u = \dfrac{0.439}{6\cdot(2-0.830)} = 0.0626$

$\sigma_{b,\sigma} = -\dfrac{1}{0.0883\cdot150\cdot147^2}\left[694.6\cdot(\dfrac{0.0883}{0.370}\cdot147-56.60)+20\,000\right] =$

$\quad\quad\quad = -0.0177$ Mp/cm^2 < 0

$\sigma_{b,u} = -\dfrac{1}{0.0626\cdot150\cdot147^2}\left[694.6\cdot(\dfrac{0.0626}{0.370}\cdot147+56.60)-20\,000\right] =$

$\quad\quad\quad = -0.1802$ Mp/cm^2 < -0.170

Da zur Zeit t = 0 an der Unterkante des Querschnitts eine unzulässig hohe Betonspannung $\sigma_{b,u} = -0.1802$ Mp/cm^2 auftreten würde, muß der Querschnitt abgeändert werden. Diese Querschnittsänderung erfolgt nach zwei Varianten:

<u>1. Variante:</u> Vergrößerung von ε von o.2o auf o.25

<u>2. Variante:</u> Verbreiterung des Steges auf eine mittlere Breite

$$b' = 45 \cdot \frac{-0.18o2}{-0.17o} = 47.7 \approx 48 \text{ cm} \quad (\beta' = o.32)$$

Das entspricht einer tatsächlichen Verbreiterung des Steges im Bereich des Spannstahls auf

$$b_u = 48 + (48-45) \cdot \frac{1-0.1o-2 \cdot o.2o}{2 \cdot o.2o} = 51.75 \approx 52 \text{ cm}$$

(siehe Abb. II.13). In diesem Fall wird die oben gefundene Querschnittshöhe $H = 147$ cm beibehalten (vgl. auch Betonkalender 1975, I. Teil, S. 865).

<u>1. Variante</u>

<u>Annahmen:</u> $B = 15o$ cm, $\beta = o.3o$, $\delta = o.1o$, $\varepsilon = o.25$

Da in diesem Fall die Parameter β und δ sich nicht ändern, gelten die gleichen Koeffizienten $\varkappa$.

(a) $$H \geq \sqrt{\frac{-5o\,ooo}{o.216 \cdot (o.754-o.25o) \cdot 15o \cdot (-o.13o)}} = 153.5 \text{ cm}$$

<u>gewählt:</u> $H = 154$ cm, $e = 38.5$ cm

(b) $$Z_\infty = \frac{5o\,ooo}{(o.754-o.25o) \cdot 154} = 644.2 \text{ Mp} \longrightarrow F_z = 92 \text{ cm}^2$$

(c) Querschnittswerte: $$F_{br} = \frac{1}{6} \cdot 15o \cdot 154 \cdot o.37o = 1424.5 \text{ cm}^2$$

$$J_{br} = \frac{1}{6} \cdot \frac{15o \cdot 154^3}{12} \cdot o.439 = 3\,34o\,3oo \text{ cm}^4$$

$$a = 154 \cdot (1.o-o.415-o.25o) = 51.59 \text{ cm}$$

$$\mu_f = \frac{92}{1424.5} = o.o646$$

$$\mu_i = \frac{92 \cdot 51.59^2}{3\,34o\,3oo} = o.o733$$

(d) $$V_\infty = 644.2-o.o733 \cdot \frac{3o\,ooo}{51.59} = 6o1.6 \text{ Mp} \quad (589.o \text{ Mp})$$

$$V_o \approx 6o1.6 \cdot (1+\frac{2}{1o}) = 721.9 \text{ Mp} \longrightarrow \sigma_{z,o} \approx 7.85 \text{ cm}^2$$

(e) $$k_\varphi = 1 + \frac{2.o}{1.o646 \cdot 1.o733} \left[\frac{1}{5 \cdot 7.85} + o.o646 + \right.$$

$$\left. + o.o733 \cdot (1 - \frac{2o\,ooo}{51.59 \cdot 721.9}) \right] = 1.217 \quad (1.243)$$

(f) $$V_o = 6o1.6 \cdot 1.217 = 732.2 \text{ Mp}$$

56

(g) $\varkappa_o = 0.0883, \quad \varkappa_u = 0.0626$

$$\sigma_{b,o} = -\frac{1}{0.0883 \cdot 150 \cdot 154^2}\left[732.2 \cdot (\frac{0.0883}{0.370} \cdot 154 - 51.59) + 20\,000\right] =$$

$$= -0.0291 \text{ Mp/cm}^2 < o$$

$$\sigma_{b,u} = -\frac{1}{0.0626 \cdot 150 \cdot 154^2}\left[732.2 \cdot (\frac{0.0626}{0.370} \cdot 154 + 51.59) - 20\,000\right] =$$

$$= -0.1655 \text{ Mp/cm}^2 > -0.170$$

2. Variante

<u>Annahmen:</u> $B = 150$ cm, $\beta = 0.32$, $\delta = 0.10$, $\varepsilon = 0.20$

Aus den Kurventafeln erhält man:

$$\varkappa_s = 0.842, \quad \varkappa_f = 0.388, \quad \varkappa_i = 0.457$$
$$\varkappa_{1,p} = 0.248, \quad \varkappa_{2,p} = 0.744$$

(a) $H = 147$ cm, $e = 29.4$ cm (siehe Seite 54)

(b) $Z_\infty = \dfrac{50\,000}{(0.744 - 0.200) \cdot 147} = 625.3$ Mp $\longrightarrow F_z = 88$ cm^2

(c) Querschnittswerte: $F_{br} = \dfrac{1}{6} \cdot 150 \cdot 147 \cdot 0.388 = 1426$ cm^2

$$J_{br} = \frac{1}{6} \cdot \frac{150 \cdot 147^3}{12} \cdot 0.457 = 3\,024\,300 \text{ cm}^4$$

$$a = 147 \cdot (1.0 - 0.421 - 0.200) = 55.71 \text{ cm}$$

$$\mu_f = \frac{88}{1426} = 0.0617$$

$$\mu_i = \frac{88 \cdot 55.71^2}{3\,024\,300} = 0.0903$$

(d) $V_\infty = 625.3 - 0.0903 \cdot \dfrac{30\,000}{55.71} = 576.7$ Mp (570.1 Mp)

$$V_o \approx 576.7 \cdot (1 + \frac{2}{10}) = 692.0 \text{ Mp} \longrightarrow \sigma_{z,o} \approx 7.86 \text{ Mp/cm}^2$$

(e) $k_\varphi = 1 + \dfrac{2.0}{1.0617 \cdot 1.0903}\left[\dfrac{1}{5 \cdot 7.86} + 0.0617 + \right.$

$$\left. + 0.0903 \cdot (1 - \frac{20\,000}{55.71 \cdot 692.0})\right] = 1.226 \quad (1.240)$$

(f) $V_o = 576.7 \cdot 1.226 = 706.8$ Mp

(g) $\varkappa_o = \dfrac{0.457}{6 \cdot 0.842} = 0.0905, \quad \varkappa_u = \dfrac{0.457}{6 \cdot (2 - 0.842)} = 0.0658$

$$\sigma_{b,o} = -\frac{1}{0.0905 \cdot 150 \cdot 147^2}\left[706.8 \cdot (\frac{0.0905}{0.388} \cdot 147 - 55.71) + 20\,000\right] =$$

$$= -0.0166 \text{ Mp/cm}^2 < o$$

$$\sigma_{b,u} = -\frac{1}{0.0658 \cdot 150 \cdot 147^2} \left[706.8 \cdot \left(\frac{0.0658}{0.388} \cdot 147 + 55.71 \right) - 20\,000 \right] =$$

$$= -0.1735 \ \text{Mp/cm}^2 < -0.170$$

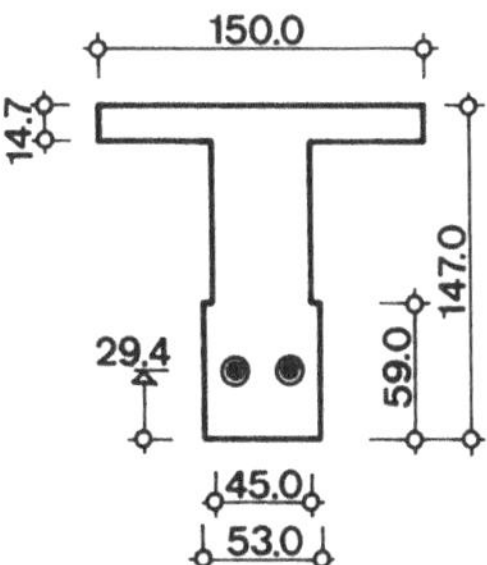

Abb. II.13

$\sigma_{b,u}$ liegt ca. 2% über dem zulässigen Wert. Deshalb wird eine entsprechende Verbreiterung des Steges im Bereich der Spannstähle auf 53 cm vorgeschlagen (Abb. II.13).

<u>Beispiel 3: Plattenbalken</u> $(M_{q,1} = 500, M_{q,2} = -200)$

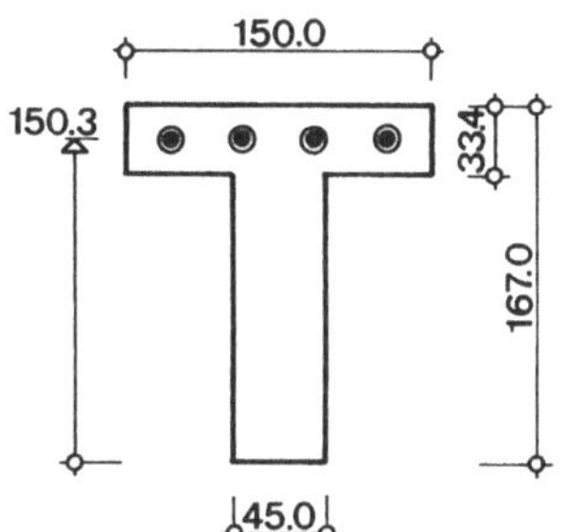

Abb. II.14

<u>Annahmen:</u> B = 150 cm, β = 0.30, δ = 0.20, ϵ = 0.90

Aus den Kurventafeln erhält man:

$$\varkappa_s = 0.746, \quad \varkappa_f = 0.440, \quad \varkappa_i = 0.489$$
$$\varkappa_{1,n} = 0.164, \quad \varkappa_{2,n} = 0.379$$

(a) $\quad H \geq \sqrt{\dfrac{+50\,000}{0.164 \cdot (0.379 - 0.900) \cdot 150 \cdot (-0.140)}} = 166.9 \ \text{cm}$

<u>gewählt:</u> H = 167 cm, e = 150.3 cm

(b) $\quad Z_\infty = \dfrac{-50\,000}{(0.379 - 0.900) \cdot 167} = 574.7 \ \text{Mp} \longrightarrow F_z = 80 \ \text{cm}^2$

(c) Querschnittswerte: $F_{br} = \frac{1}{6} \cdot 150 \cdot 167 \cdot 0.440 = 1837 \text{ cm}^2$

$$J_{br} = \frac{1}{6} \cdot \frac{150 \cdot 167^3}{12} \cdot 0.489 = 4745 \text{ cm}^4$$

$$a = 167 \cdot (1.0 - 0.373 - 0.900) = -45.59 \text{ cm}$$

$$\mu_f = \frac{80}{1837} = 0.0435$$

$$\mu_i = \frac{80 \cdot (-45.59)^2}{4\,745\,000} = 0.0350$$

(d) $V_\infty = 574.7 - 0.0350 \cdot \dfrac{-30\,000}{-45.59} = 551.6 \text{ Mp}$ (545.0 Mp)

$$V_o \approx 551.6 \cdot (1 + \tfrac{2}{10}) = 662.0 \text{ Mp} \longrightarrow \sigma_{z,o} \approx 8.27 \text{ Mp/cm}^2$$

(e) $k_\varphi = 1 + \dfrac{2.0}{1.0435 \cdot 1.0350} \left[\dfrac{1}{5 \cdot 8.27} + 0.0435 + \right.$

$$\left. + 0.0350 \cdot (1 - \dfrac{-20\,000}{-45.59 \cdot 662.0}) \right] = 1.147 \quad (1.161)$$

(f) $V_o = 551.6 \cdot 1.1472 = 632.8 \text{ Mp}$

(g) $\varkappa_o = \dfrac{0.489}{6 \cdot 0.746} = 0.1092, \qquad \varkappa_u = \dfrac{0.489}{6 \cdot (2 - 0.746)} = 0.0650$

$$\sigma_{b,o} = -\dfrac{1}{0.1092 \cdot 150 \cdot 167^2} \left[632.8 \cdot (\dfrac{0.1092}{0.440} \cdot 167 + 45.59) - 20\,000 \right] =$$

$$= -0.0767 \text{ Mp/cm}^2 > -0.160$$

$$\sigma_{b,u} = -\dfrac{1}{0.0650 \cdot 150 \cdot 167^2} \left[632.8 \cdot (\dfrac{0.0650}{0.440} \cdot 167 - 45.59) + 20\,000 \right] =$$

$$= -0.0250 \text{ Mp/cm}^2 < 0$$

<u>Beispiel 4: Kastenquerschnitt</u> $(M_{q,1} = +500, \; M_{q,2} = +200)$

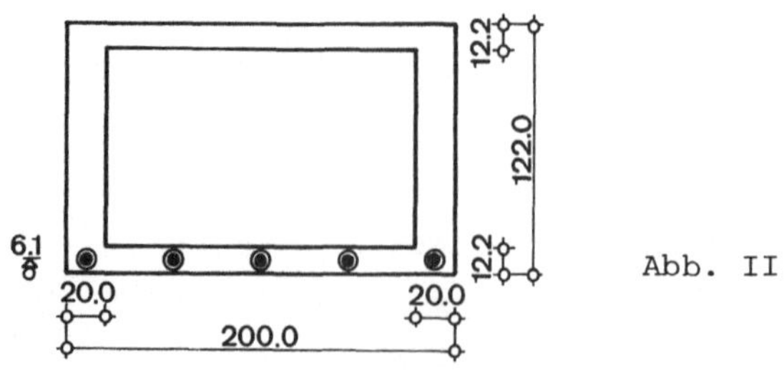

Abb. II.15

<u>Annahmen:</u> $B = 200 \text{ cm}$, $\beta = 0.20$, $\delta = 0.10$, $\varepsilon = 0.05$

Aus den Kurventafeln erhält man:

$$\varkappa_f = 0.360, \; \varkappa_i = 0.590, \; \varkappa_{1,I} = 0.180, \; \varkappa_{2,I} = 0.773$$
$$\varkappa_s = 1.0$$

(a) $\quad H \geqq \sqrt{\dfrac{-50\,000}{0.180\cdot(0.773-0.05)\cdot 200\cdot(-0.130)}} = 121.5$ cm

$\quad$ g<u>ewählt:</u> H = 122 cm, e = 6.1 cm

(b) $\quad Z_\infty = \dfrac{50\,000}{(0.773-0.05)\cdot 122} = 566.9$ Mp $\longrightarrow$ $F_z = 80$ cm^2

(c) $\quad$ Querschnittswerte: $\quad F_{br} = \dfrac{1}{6}\cdot 200\cdot 122\cdot 0.360 = 1464$ cm^2

$$J_{br} = \dfrac{1}{6}\cdot\dfrac{200\cdot 122^3}{12}\cdot 0.590 = 2\,976\,000 \text{ cm}^4$$

$$a = 122\cdot(0.500-0.05) = 54.90 \text{ cm}$$

$$\mu_f = \dfrac{80}{1464} = 0.0546$$

$$\mu_i = \dfrac{80\cdot 54.90^2}{2\,976\,000} = 0.0810$$

(d) $\quad V_\infty = 566.9 - 0.0810\cdot\dfrac{30\,000}{54.90} = 522.6$ Mp $\quad$ (514.3 Mp)

$\qquad V_0 \approx 522.6\cdot(1+\dfrac{2}{10}) = 627.2$ Mp $\longrightarrow$ $\sigma_{z,0} \approx 7.84$ Mp/cm^2

(e) $\quad k_\varphi = 1 + \dfrac{2.0}{1.0546\cdot 1.0810}\left[\dfrac{1}{5\cdot 7.84} + 0.0546 +\right.$

$\qquad + 0.0810\cdot\left.(1 - \dfrac{20\,000}{54.90\cdot 627.2})\right] = 1.200 \quad (1.219)$

(f) $\quad V_0 - 522.6\cdot 1.200 = 627.2$ Mp

(g) $\quad \varkappa_o = \varkappa_u = \dfrac{0.590}{6} = 0.0983$

$$\sigma_{b,o} = -\dfrac{1}{0.0983\cdot 200\cdot 122^2}\left[627.2\cdot(\dfrac{0.0983}{0.360}\cdot 122 - 54.90) + 20\,000\right] =$$

$$= -0.0221 \text{ Mp/cm}^2 < 0$$

$$\sigma_{b,u} = -\dfrac{1}{0.0983\cdot 200\cdot 122^2}\left[627.2\cdot(\dfrac{0.0983}{0.360}\cdot 122 + 54.90) - 20\,000\right] =$$

$$= -0.1207 \text{ Mp/cm}^2 > -0.160$$

III. VERBUNDTRAGWERKE UNTER TRAGLAST

Die Traglast enthält die mit einem Laststeigerungsfaktor ν erhöhte Belastung aus Eigengewicht und Verkehr, darüber hinaus gegebenenfalls Zwängungsschnittgrößen und dergleichen in einfacher Größe.

Beim Traglastnachweis wird die Traglast mit der Grenztragfähigkeit des Tragwerks verglichen, die sie an keiner Stelle überschreiten darf.

In Abschnitt III.A wird die Grenztragfähigkeit von statisch bestimmten Systemen auf die Grenztragfähigkeit ihrer Querschnitte zurückgeführt. Die Berechnung der Grenztragfähigkeit von beliebigen Verbundquerschnitten unter Berücksichtigung von Vordehnungszuständen wird ausführlich erläutert und anschließend mit Zahlenbeispielen belegt. Abschnitt III.B zeigt die Berechnung von Verformungen am Stabelement und in der Folge für statisch bestimmte Systeme. In Abschnitt III.C werden Betrachtungen über statisch unbestimmte Tragwerke angestellt. Auch hier kann die Berechnung der Grenztragfähigkeit auf die Querschnitte zurückgeführt werden, wenn man die Einflüsse der statisch unbestimmten Größen wie eine äußere Belastung behandelt. Der Abschnitt III.D beschließt dieses Kapitel mit Hinweisen auf die Dimensionierung auf Traglast.

III.A Grenztragfähigkeit von Verbundquerschnitten

III.A.1 Allgemeines

Bei statisch bestimmten Tragwerken ist der Zusammenhang zwischen äußeren Belastungen und Schnittbelastungen allein durch Gleichgewichtsbedingungen gegeben, wodurch im Falle von Plastizierungen keine Umlagerung der Schnittbelastungen in andere Querschnitte des Tragwerks möglich ist. Deshalb kann die Grenztragfähigkeit statisch bestimmter Systeme direkt auf die Grenztragfähigkeit der maßgebenden Querschnitte zurückgeführt werden. In diesem Abschnitt III.A wird die Ermittlung der Grenztragfähigkeit beliebiger Verbundquerschnitte gezeigt.

Die Grenztragfähigkeit eines Querschnitts ist jene Schnittbelastung, die Dehnungen entspricht, die in wenigstens einer Faser des Querschnitts einen als Dehnungsbeschränkung vorgegebenen Grenzwert erreichen. Wenn keine Dehnungsbeschränkungen einzuhalten sind, kann der Querschnitt voll plastizieren; im Falle reiner Biegung ergibt sich dann das "vollplastische Moment".

Es erweist sich als sinnvoll, zwischen drei Belastungszuständen zu unterscheiden: dem "Primärzustand", dem "Sekundärzustand" und dem "resultierenden Grenzzustand".

Der Primärzustand enthält alle Arten von Vorspannung (auch aus Stützenbewegungen) sowie äußere und innere Zwängungen aus Kriechen, Schwinden und gegebenenfalls Erwärmung. Für Zeitpunkte $t \neq o$ wird mit Rücksicht auf das Kriechen auch die 1-fache ständige Belastung im Primärzustand erfaßt, für $t = o$ nur jener Anteil davon, der (aus Montagegründen) nicht auf den endgültigen gesamten Verbundquerschnitt wirkt. Die Größen des Primärzustandes werden mit dem Index I gekennzeichnet.

Der Sekundärzustand enthält jenen Anteil der 1-fachen ständigen Last, der nicht im Primärzustand zu berücksichtigen ist. Ferner umfaßt er die gesamte Verkehrsbelastung sowie die Steigerung von ständiger Last und Verkehrslast. Die Sekundärbelastung wirkt

kurzzeitig und immer auf den endgültigen Verbundquerschnitt. Als
Symbol für Größen des Sekundärzustandes wird der Index II verwendet.

Der resultierende Grenzzustand entsteht aus der Superposition
von Primär- und Sekundärzustand. Ihm entspricht die Grenztragfähigkeit, über ihn erfolgt zweckmäßig deren Berechnung. Der resultierende Grenzzustand wird durch den Index R gekennzeichnet.
Nur für die Grenztragfähigkeit selbst werden die Symbole N_u und
M_u verwendet. Sämtliche Schnittbelastungen, auch die des Sekundärzustandes sowie die Werte N_u und M_u der Grenztragfähigkeit
sind auf die ideelle Schwerachse $\mathfrak{S}_i$ des Gesamtquerschnitts im
Abstand z_i von der Bezugslinie zu beziehen.

Zuerst wird die Ermittlung des Zahlenpaares $\{N_u, M_u\}$ der Grenztragfähigkeit nach Annahme oder Vorgabe der Nullinie des Sekundärzustandes gezeigt (Abschnitte III.A.2 bis III.A.8). Anschließend werden Methoden zum Auffinden der tatsächlichen
Nullinie angegeben, für die das aus dem Gebrauchslastenzustand
für ständige Last und Verkehr vorgegebene Belastungsverhältnis
'Normalkraft:Moment' auch im Traglastzustand beibehalten ist
(Abschnitte III.A.9 und III.A.1o).

Es gelten folgende Beziehungen:

$$N_u = N_I + N_{II} \qquad\qquad\qquad \text{(III.1 a)}$$

$$M_u = M_I + M_{II} \qquad\qquad\qquad \text{(III.1 b)}$$

III.A.2 Der Primärzustand

Alle für den Primärzustand in Betracht kommenden Belastungszu-
stände liegen im Bereich der Gebrauchslasten. Die Berechnung
des Primärzustandes kann daher nach Kapitel II erfolgen. Für
Selbstspannungszustände sind die Schnittbelastungen N_I und M_I
des Gesamtquerschnittes Null.

Die für die Berechnung der Grenztragfähigkeit maßgebenden Primärdehnungen ε_I sind für alle Querschnittsfasern und alle Zeitpunkte
t über das HOOKEsche Gesetz unmittelbar aus den jeweils wirkenden Spannungen zu ermitteln:

$$\varepsilon_I = \varepsilon_{I,\text{stat.}} = \frac{\sigma_I}{E} \qquad\qquad\qquad \text{(III.2)}$$

Denn nur dieser Anteil an der nach Kapitel I vorgegebenen Grenzdehnung ε_u einer Faser ist durch den Primärzustand bereits aufgebracht und statisch wirksam, nicht die meßbaren geometrischen
Dehnungen $\varepsilon_{I,geom.}$, die außer dem elastischen Anteil nach (III.2)
auch plastische oder thermische Anteile enthalten. Vgl. die Abschnitte II.B.3 und II.B.4 sowie Abb. III.1.

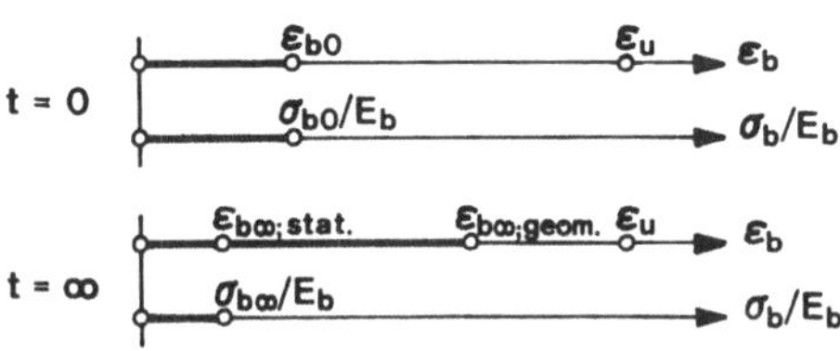

Abb. III.1

Z.B. wird ein zwängungsfrei gelagerter, unbewehrter Betonstab,
der mit dem Endwert $\varepsilon_{s,\infty}$ schwindet, nur um dieses Maß kürzer,
ohne daß sich seine Tragfähigkeit dadurch ändern würde. Es
treten dabei keine Spannungen auf. Somit ist in diesem Fall
ε_I = o zu setzen, nicht aber ε_I = $-\varepsilon_{s,\infty}$.

Aus der Definition des Primärzustandes folgt, daß die Dehnungen
ε_I im allgemeinen nur abschnittsweise, nämlich innerhalb der
einzelnen Teilquerschnitte, linear verlaufen. Auch die zugehörigen Krümmungen $\varkappa_I$ können für die Teilquerschnitte voneinander verschieden sein.

Im Spannbetonbau wird in der Regel die sogenannte Spannbett-
dehnung - das ist die Dehnung des Spannstahls gegenüber dem
spannungsfrei gedachten Beton - als Vordehnung bezeichnet. Im
Gegensatz dazu werden im Rahmen dieser Arbeit alle Dehnungen,
die Primärzuständen entsprechen, in der mit (III.2) gegebenen
Weise in die Berechnung der Grenztragfähigkeit eingeführt. Dies
ermöglicht eine einheitliche Behandlung aller Arten von Verbundquerschnitten.

III.A.3 Der Sekundärzustand

Die Dehnungen ε_{II} des Sekundärzustandes sind ausnahmslos linear
über den gesamten Querschnitt verteilt.

Der Sekundärzustand überlagert sich dem Primärzustand zum resultierenden Grenzzustand.

$$\varepsilon_R = \varepsilon_I + \varepsilon_{II} \qquad\qquad (III.3)$$

In jeder Faser des Querschnitts muß die Bedingung

$$\left|\varepsilon_R\right| \leqq \left|\varepsilon_u\right| \qquad\qquad (III.4)$$

erfüllt sein, wobei ε_u die für die jeweilige Faser maßgebende Dehnungsbeschränkung darstellt. Es können in einer Faser auch Dehnungsbeschränkungen sowohl auf Zug als auch auf Druck vorgegeben sein, von denen - je nach der Beanspruchung im Sekundärzustand - nur eine maßgebend sein kann (Abb. III.2).

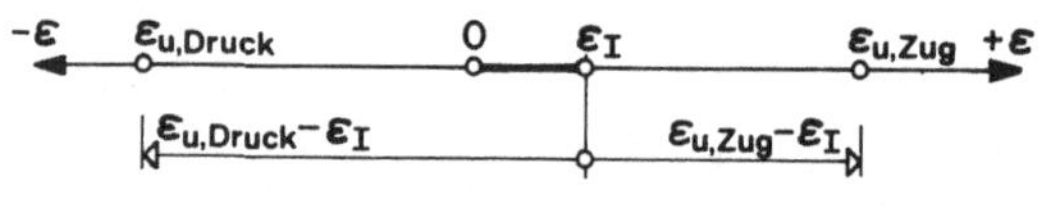

Abb. III.2

In jeder Faser sind Primärdehnung ε_I und Dehnungsbeschränkung ε_u bekannt. Somit ergibt sich aus (III.4)

$$\left|\varepsilon_{II}\right| \leqq \left|\varepsilon_u - \varepsilon_I\right| \qquad\qquad (III.5)$$

Bei angenommener oder vorgegebener Lage der Nullinie $z_{II,o} = z_o$ des Sekundärzustandes (mit $\varepsilon_{II} = o$) kann die ε_{II}-Gerade bzw. ε_{II}-Ebene so lange um diese Nullinie gedreht werden, bis in (III.5) für wenigstens eine Faser m das Gleichheitszeichen gilt (Abb. III.3).

$$\varepsilon_{II,m} = \varepsilon_{u,m} - \varepsilon_{I,m} \qquad\qquad (III.6)$$

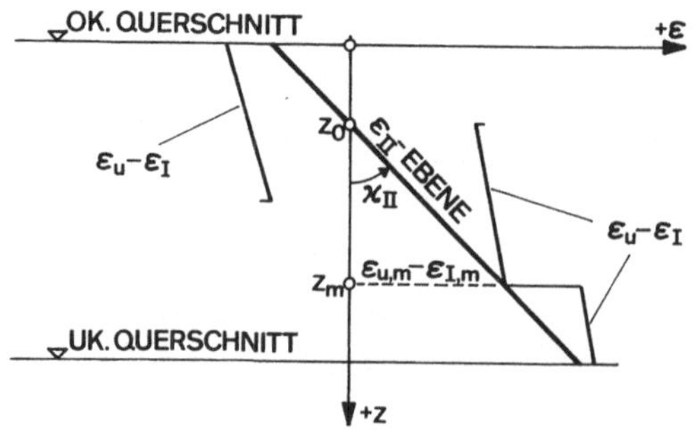

Abb. III.3

Wird der Querschnitt vorwiegend mit Längskraft belastet, kann
die Nullinie auch außerhalb desselben liegen. Im Sonderfall
$z_o = \overset{+}{-}\infty$ würde sich eine über den Querschnitt konstante Dehnung
einstellen.

Der Neigungswinkel der ε_{II}-Ebene ist die Krümmung $\varkappa_{II}$ des Sekundärzustandes. Nach Abb. III.3 gilt:

$$\varkappa_{II} = \frac{\varepsilon_{u,m} - \varepsilon_{I,m}}{z_m - z_o} \qquad (III.7)$$

Bei vorgegebenem Vorzeichen von $\varkappa_{II}$ - es muß bekannt sein, ob
positive oder negative Krümmung eingeprägt wird - ergibt sich
die maßgebende Faser m aus der Bedingung, daß der für alle in
Frage kommenden Fasern n gebildete Quotient

$$\varkappa_{II,n} = \frac{\varepsilon_{u,n} - \varepsilon_{I,n}}{z_n - z_o} \qquad (III.8)$$

dort betragsmäßig ein Minimum ist.

Mit z_o und $\varkappa_{II}$ liegt das sekundäre Dehnungsbild ε_{II} fest.

III.A.4 <u>Der resultierende Grenzzustand</u>

Durch Superposition der Sekundärdehnungen zu den Primärdehnungen
ergeben sich die resultierenden Dehnungen ε_R, die wie ε_I abschnittsweise linear verlaufen.

$$\varepsilon_R = \varepsilon_I + \varepsilon_{II} \qquad (III.3)$$

Im allgemeinen weisen die einzelnen Teilquerschnitte auch verschiedene resultierende Krümmungen $\varkappa_R$ auf. Aus der geometrischen
Bedingung $\varepsilon_R = o$ erhält man die resultierenden Nullinien $z_{b,o}$
und $z_{s,o}$ für Beton und Stahl, die wegen des Verlaufs der Primärdehnungen im allgemeinen getrennt liegen. In Abb. III.4 a - c
ist dieser Sachverhalt an Hand eines vorgespannten Stahlträger-
verbundquerschnitts für einen Zeitpunkt t > o dargestellt.

Mit den vorgegebenen Materialgesetzen (Kapitel I) ergeben sich
zu ε_R die Spannungen σ_R. Es gilt

$$\sigma_R = \sigma_I + \sigma_{II}^{*} \qquad (III.9)$$

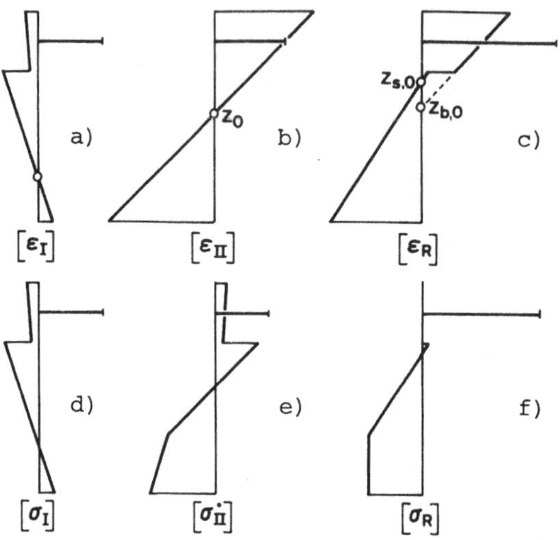

Abb. III.4

Mit Rücksicht auf plastische Bereiche kann σ_{II}^{*} nicht aus ε_{II} berechnet werden. Dem Zustand ε_{II} allein würden Spannungen σ_{II} entsprechen. Durch die Einführung von $\sigma_{II}^{*} = \sigma_R - \sigma_I$ ist auch für die Spannungen von Primär- und Sekundärzustand ein Superpositionsgesetz gegeben (z.B. Abb. III.4 d - f).

Den Spannungen σ_I entsprechen die Schnittbelastungen N_I und M_I des Primärzustandes, den Spannungen σ_{II}^{*} die Schnittbelastungen N_{II} und M_{II} des Sekundärzustandes.

$$N_I = \int_{F_i} \sigma_I \, dF \;\; ; \qquad M_I = \int_{F_i} \sigma_I (z-z_i) \, dF \qquad\qquad \text{(III.1o a,b)}$$

$$N_{II} = \int_{F_i} \sigma_{II}^{*} \, dF \;\; ; \qquad M_{II} = \int_{F_i} \sigma_{II}^{*} (z-z_i) \, dF \qquad\qquad \text{(III.11 a,b)}$$

Die Berechnung der Grenztragfähigkeit $\{N_u, M_u\}$ erfolgt über die Integration der Spannungen σ_R. Mit (III.1), (III.9), (III.1o) und (III.11) gilt:

$$N_u = \int_{F_i} \sigma_R \, dF = \int_{F_i} \sigma_I \, dF + \int_{F_i} \sigma_{II}^{*} \, dF = N_I + N_{II} \qquad \text{(III.12 a)}$$

$$M_u = \int_{F_i} \sigma_R (z-z_i)\, dF = \int_{F_i} \sigma_I (z-z_i)\, dF + \int_{F_i} \sigma_{II}^* (z-z_i)\, dF = M_I + M_{II}$$

$$(III.12\ b)$$

Die Integrationen sind über den gesamten Verbundquerschnitt zu erstrecken, wobei z_i die Ordinate dessen Schwerpunktes ist. Die numerische Berechnung der Integrale kann nach den Abschnitten III.A.5 bis III.A.8 erfolgen. Dort werden für die Teilquerschnitte Beton, Stahlträger, schlaffe Bewehrung und Spannstahl getrennt die Anteile an der Normalkraft N_u und am Biegemoment M_u um die Achse z_i ermittelt, die dann zu addieren sind.

$$N_u = N_b + N_s + N_e + N_z \qquad\qquad (III.13\ a)$$

$$M_u = M_b + M_s + M_e + M_z \qquad\qquad (III.13\ b)$$

III.A.5 Der Anteil des Betons an der Grenztragfähigkeit

Es wird angenommen, daß der Betonquerschnitt sich aus einem oder mehreren Trapezen zusammensetzt - Rechtecke sind als Sonderfall mit eingeschlossen -, daß die Dehnung über die jeweilige Breite konstant ist und daß der Beton einer bestimmten Arbeitslinie gehorcht. Den folgenden Entwicklungen liegt die Arbeitslinie nach DIN 4227 zugrunde (Abb. III.5). Für die Arbeitslinie nach ÖNORM B 42oo, 9. Teil, gelten die nachfolgenden Entwicklungen unter Entfall des rechteckigen Bereichs von $\varepsilon_b = -2.0^{o}/_{oo}$ bis $\varepsilon_b = -3.5^{o}/_{oo}$. Andere Arbeitslinien sind sinngemäß anzuwenden.

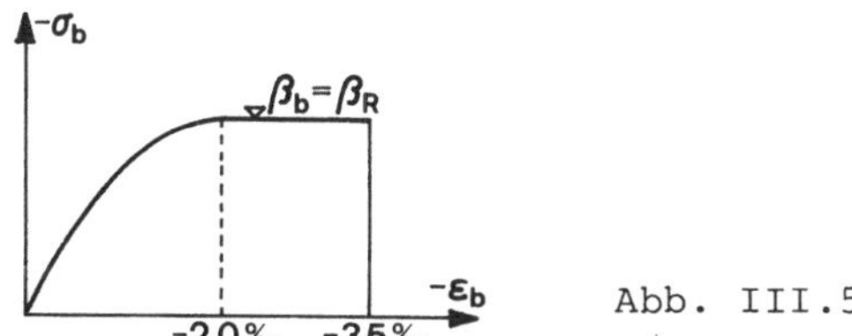

Abb. III.5

Bereiche, in denen Druckdehnungen $\varepsilon_b < -3.5^{o}/_{oo}$ bzw. Zugdehnungen $\varepsilon_b > o$ auftreten, werden nicht berücksichtigt, da der Beton in diesen Bereichen als gebrochen bzw. gerissen betrachtet werden kann.

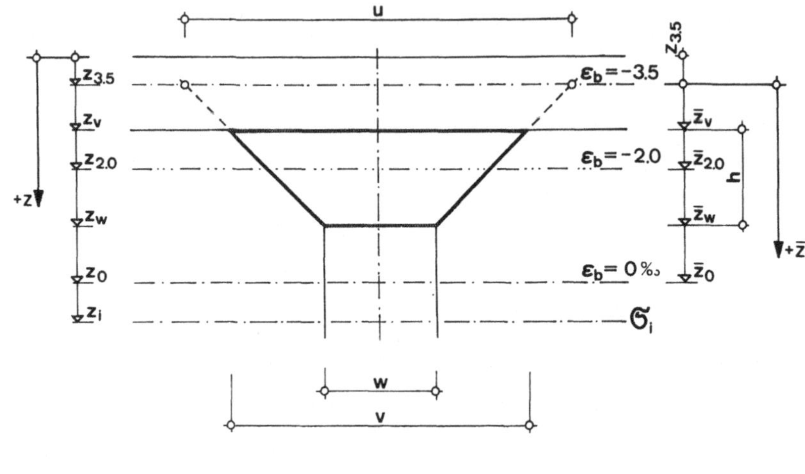

Abb. III.6

In Abb. III.6 sind die Bezeichnungen für die Geometrie eines
trapezförmigen Teiles des Betonquerschnittes angegeben. Der den
Beton kennzeichnende Index b wird im Rahmen dieses Abschnitts
im allgemeinen weggelassen, wenn Eindeutigkeit gewährleistet
erscheint.

Mit der Nullinie z_o und dem Dehnungsbild des Sekundärzustands
liegen das resultierende Dehnungsbild und die Nullinie $z_{b,o}$
des Betons fest und damit auch die Achsen $z_{2.o}$ bzw. $z_{3.5}$, an
denen die Betondehnung $-2.o°/oo$ bzw. $-3.5°/oo$ beträgt.

$$z_{2.o} = z_{b,o} - \frac{o.oo2o}{\varkappa_{R,b}}$$

$$z_{3.5} = z_{b,o} - \frac{o.oo35}{\varkappa_{R,b}}$$

(III.14)

Die Ordinaten z sind entsprechend Abb. III.6 von der Bezugslinie - das ist im allgemeinen die Querschnittsoberkante -
positiv nach unten zu zählen. Bei positiven Krümmungen sind die
Ordinaten $\bar{z}$ von der Achse $z = z_{3.5}$ positiv nach unten, bei negativen Krümmungen positiv nach oben zu zählen. Die Einführung
$\bar{z}$ ist vorteilhaft für die Allgemeingültigkeit der nachfolgenden Entwicklungen.

Für positive Krümmung gilt:

$$\bar{z} = z - z_{3.5} \; ; \qquad z = \bar{z} + z_{3.5}$$

$$d\bar{z} = dz \; ; \qquad \bar{z}_o = z_{b,o} - z_{3.5}$$

(III.15)

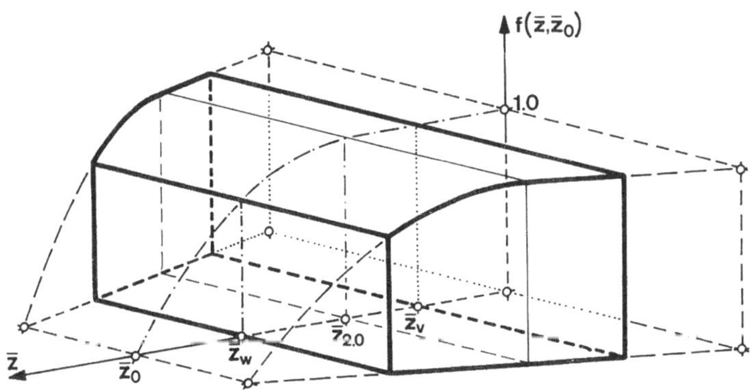

Abb. III.7

In Abb. III.7 wird die durch β_b dividierte, dimensionslose Spannungsfläche über einem trapezförmigen Teilquerschnitt entsprechend Abb. III.6 aufgespannt dargestellt. Diese liegt nach Vorgabe des resultierenden Dehnungsbildes eindeutig fest.

Die Integration dieser bezogenen Spannungsfläche mit den Ordinaten σ_b/β_b ergibt nach Multiplikation mit β_b die auf das betrachtete Teiltrapez entfallende Teilkraft ΔN_b. Das entsprechende Teilmoment $\Delta M_{b,o}$ um die Achse $\bar{z} = o$ ergibt sich als statisches Moment dieser bezogenen Spannungsfläche um die Achse $\bar{z} = o$, multipliziert mit β_b.

Für das betrachtete Teiltrapez (bzw. Teilrechteck) gilt:

$$\Delta N_b = \int_{\bar{z}_v}^{\bar{z}_w} \sigma(\bar{z},\bar{z}_o)\, b(\bar{z})\, d\bar{z} = \beta_b \int_{\bar{z}_v}^{\bar{z}_w} \frac{\sigma(\bar{z},\bar{z}_o)}{\beta_b}\, b(\bar{z})\, d\bar{z} = \beta_b \Delta V_b \qquad \text{(III.16 a)}$$

$$\Delta M_{b,o} = \int_{\bar{z}_v}^{\bar{z}_w} \sigma(\bar{z},\bar{z}_o)\, \bar{z}\, b(\bar{z})\, d\bar{z} = \beta_b \int_{\bar{z}_v}^{\bar{z}_w} \frac{\sigma(\bar{z},\bar{z}_o)}{\beta_b}\, \bar{z}\, b(\bar{z})\, d\bar{z} = \beta_b \Delta S_b$$

(III.16 b)

Dabei stellt $b(\bar{z})$ die linear mit $\bar{z}$ veränderliche Breite des Trapezes nach Abb. III.6 dar.

$$k = \frac{w - v}{h} = \frac{v - u}{\bar{z}_v} = \frac{w - u}{\bar{z}_w}$$

$$u = v - (w-v)\frac{\bar{z}_v}{h} \; ; \quad p_w = \frac{w}{u} \; ; \quad p_v = \frac{v}{u} \tag{III.17}$$

$$b(\bar{z}) = k\bar{z} + u = \frac{u}{\bar{z}_v}(p_v-1)\bar{z} + u = \frac{u}{\bar{z}_w}(p_w-1)\bar{z} + u$$

Weiters soll gelten

$$f(\bar{z},\bar{z}_o) = \frac{\sigma(\bar{z},\bar{z}_o)}{\beta_b} \tag{III.18}$$

Abb. III.8 zeigt für den Schnitt A-A der Abb. III.6 die bezogene Spannungsverteilung über $\bar{z}$. Nach (III.16 a) und (III.16 b) ergibt sich mit (III.17) und (III.18)

$$\Delta V_b = \int\limits_0^{\bar{z}_w} f(\bar{z},\bar{z}_o)b(\bar{z})d\bar{z} - \int\limits_0^{\bar{z}_v} f(\bar{z},\bar{z}_o)b(\bar{z})d\bar{z} =$$

$$= \bar{z}_w u \int\limits_0^{\bar{z}_w} f(\bar{z},\bar{z}_o)\left[(p_w-1)\frac{\bar{z}}{\bar{z}_w} + 1\right]\frac{d\bar{z}}{\bar{z}_w} - \tag{III.19 a}$$

$$- \bar{z}_v u \int\limits_0^{\bar{z}_v} f(\bar{z},\bar{z}_o)\left[(p_v-1)\frac{\bar{z}}{\bar{z}_v} + 1\right]\frac{d\bar{z}}{\bar{z}_v}$$

$$\Delta S_b = \int\limits_0^{\bar{z}_w} f(\bar{z},\bar{z}_o)b(\bar{z})\bar{z}d\bar{z} - \int\limits_0^{\bar{z}_v} f(\bar{z},\bar{z}_o)b(\bar{z})\bar{z}d\bar{z} =$$

$$= \bar{z}_w^2 u \int\limits_0^{\bar{z}_w} f(\bar{z},\bar{z}_o)\left[(p_w-1)\frac{\bar{z}}{\bar{z}_w} + 1\right]\frac{\bar{z}}{\bar{z}_w}\cdot\frac{d\bar{z}}{\bar{z}_w} - \tag{III.19 b}$$

$$- \bar{z}_v^2 u \int\limits_0^{\bar{z}_v} f(\bar{z},\bar{z}_o)\left[(p_w-1)\frac{\bar{z}}{\bar{z}_v} + 1\right]\frac{\bar{z}}{\bar{z}_v}\cdot\frac{d\bar{z}}{\bar{z}_v}$$

Führt man die dimensionslosen Ordinaten (Abb. III.8)

$$\zeta_v = \frac{\bar{z}}{\bar{z}_v} \quad \text{und} \quad \zeta_w = \frac{\bar{z}}{\bar{z}_w} \tag{III.2o a}$$

ein, so werden in (III.19 a und b) die Teilintegrale formal
gleich. Dabei ist zu beachten:

$$d\zeta_v = \frac{d\bar{z}}{\bar{z}_v} \qquad \text{und} \qquad d\zeta_w = \frac{d\bar{z}}{\bar{z}_w}$$

$$\zeta_{v,o} = \frac{\bar{z}_o}{\bar{z}_v} \qquad \text{und} \qquad \zeta_{w,o} = \frac{\bar{z}_o}{\bar{z}_w}$$

$$(III.2o\ b)$$

sowie

$$\varphi_v(\zeta_v,\zeta_{v,o}) = f(\bar{z},\bar{z}_o) \text{ und } \varphi_w(\zeta_w,\zeta_{w,o}) = f(\bar{z},\bar{z}_o)$$

$$(III.2o\ c)$$

Aus (III.19 a) und (III.19 b) wird mit (III.2o):

$$\Delta V_b = \bar{z}_w u \int_o^1 \varphi_w(\zeta_w,\zeta_{w,o}) \left[(p_w-1)\zeta_w + 1\right]d\zeta_w -$$

$$- \bar{z}_v u \int_o^1 \varphi_v(\zeta_v,\zeta_{v,o}) \left[(p_v-1)\zeta_v + 1\right]d\zeta_v = \qquad (III.21\ a)$$

$$= \bar{z}_w u\, I_{V,b}(\zeta_{w,o},p_w) - \bar{z}_v u\, I_{V,b}(\zeta_{v,o},p_v)$$

$$\Delta S_b = \bar{z}_w^2 u \int_o^1 \varphi_w(\zeta_w,\zeta_{w,o}) \left[(p_w-1)\zeta_w + 1\right]\zeta_w d\zeta_w -$$

$$- \bar{z}_v^2 u \int_o^1 \varphi_v(\zeta_v,\zeta_{v,o}) \left[(p_v-1)\zeta_v + 1\right]\zeta_v d\zeta_v = \qquad (III.21\ b)$$

$$= \bar{z}_w^2 u\, I_{S,b}(\zeta_{w,o},p_w) - \bar{z}_v^2 u\, I_{S,b}(\zeta_{v,o},p_v)$$

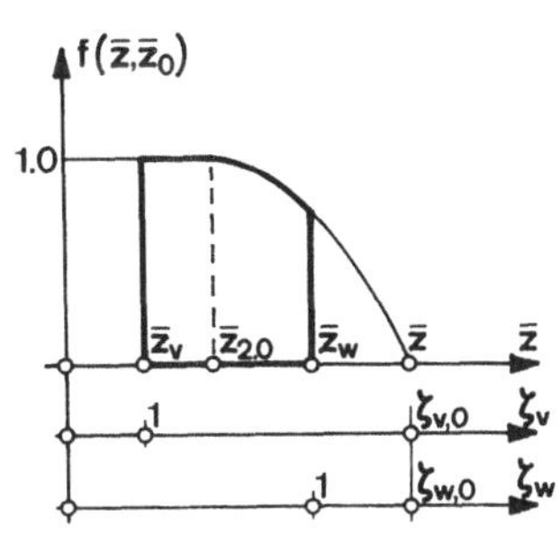

Abb. III.8   Abb. III.9

Bei der Berechnung der Integrale sind nach Abb. III.9 drei
Fälle zu unterscheiden: Im Fall a) liegt die Nullinie mit
$\zeta_o \leqq 1$ innerhalb oder am unteren Rand des Trapezes. Im Fall b)
und c) liegt sie außerhalb des Trapezes. Im ersteren Fall mit
$1 < \zeta_o < \frac{7}{3} = \frac{3.5}{3.5-2.o}$ sind die Spannungen teilweise parabolisch
verteilt, im letzteren Fall mit $\zeta_o \geqq \frac{7}{3}$ konstant mit $\sigma_b = \beta_b$.
Wie aus Abb. III.6 und III.7 ersichtlich, wird dabei aus Rechen-
gründen das Trapez bis zur Achse $\zeta = o$ bzw. $\bar{z} = o$ ergänzt. Nach
Durchführung der Integration ergeben sich für $I_{V,b}(\zeta_o,p)$ und
$I_{S,b}(\zeta_o,p)$ folgende Formeln:

Fall a)

$$I_{V,b}(\zeta_o,p) \equiv \frac{1}{294}\Big[99(1+\zeta_o(p-1)) + 139\Big]\zeta_o \qquad \text{(III.22 a)}$$

$$I_{S,b}(\zeta_o,p) \equiv \frac{1}{1o29o}\Big[1966(1+\zeta_o(p-1)) + 1499\Big]\zeta_o^2 \qquad \text{(III.23 a)}$$

Fall b)

$$I_{V,b}(\zeta_o,p) \equiv \frac{1}{16}\Big[\frac{27}{196}(p-1)\zeta_o^2 + \frac{9}{7}\zeta_o + \frac{7}{2}(p+1) +$$
$$+ 14(p+\tfrac{1}{2})\frac{1}{\zeta_o} - \frac{49}{4}(p+\tfrac{1}{3})\frac{1}{\zeta_o^2}\Big] \qquad \text{(III.22 b)}$$

$$I_{S,b}(\zeta_o,p) \equiv \frac{1}{16}\Big[\frac{81}{343o}(p-1)\zeta_o^3 + \frac{27}{196}\zeta_o^2 + \frac{7}{3}(p+\tfrac{1}{2}) +$$
$$+ \frac{21}{2}(p+\tfrac{1}{3})\frac{1}{\zeta_o} - \frac{49}{4}(p+\tfrac{1}{4})\frac{1}{\zeta_o^2}\Big] \qquad \text{(III.23 b)}$$

Fall c)

$$I_{V,b}(\zeta_o,p) \equiv \frac{1}{2}(p + 1) \qquad \text{(III.22 c)}$$

$$I_{S,b}(\zeta_o,p) \equiv \frac{1}{3}(p + \tfrac{1}{2}) \qquad \text{(III.23 c)}$$

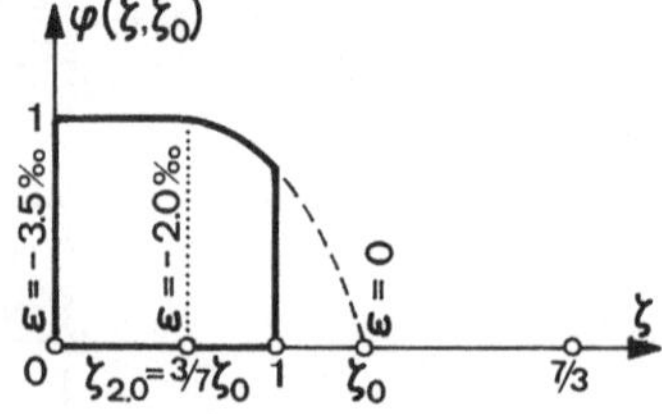

Abb. III.1o

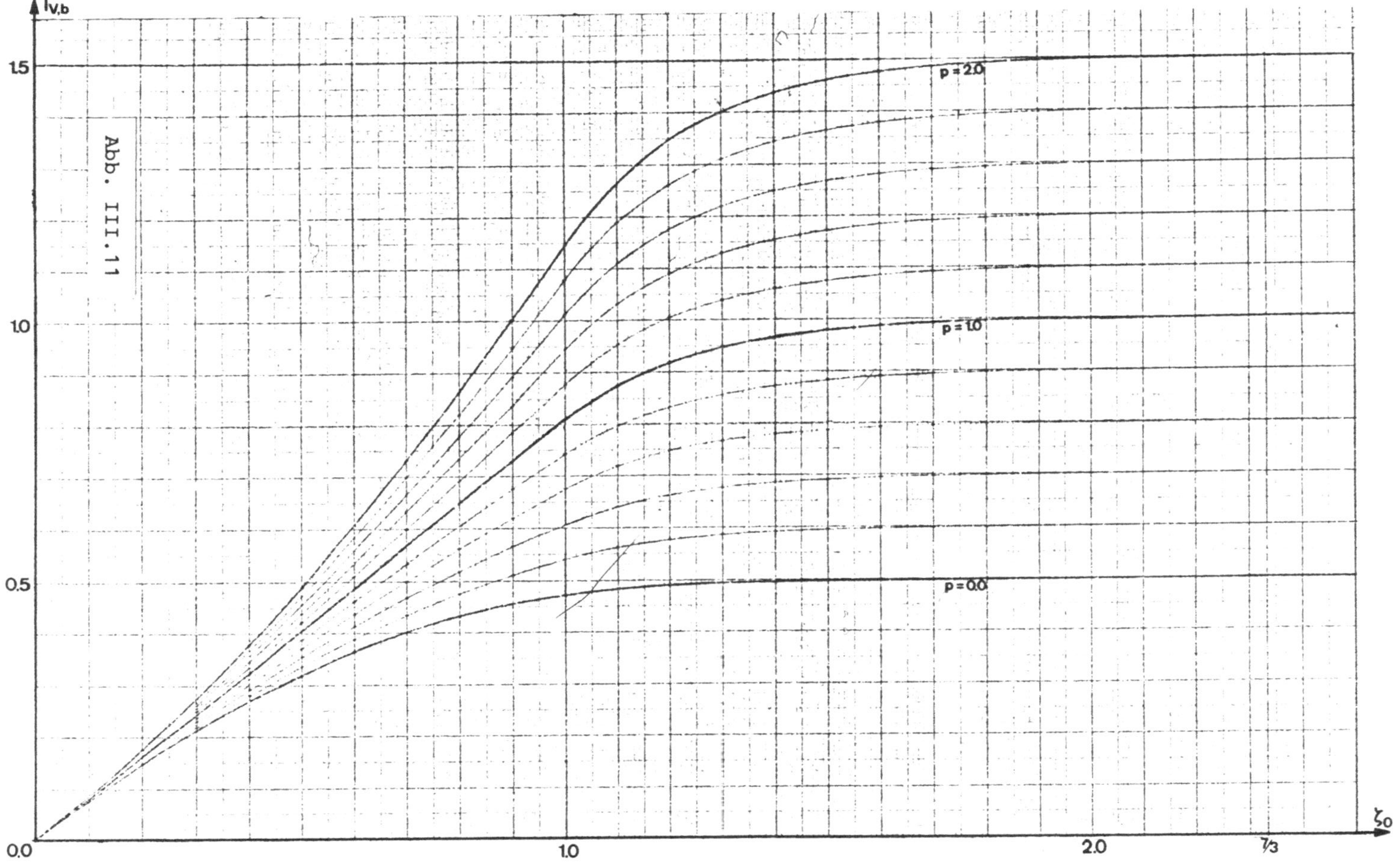

$I_{v,b}$
1.5
1.0
0.5
0.0
ζ_0
1.0
2.0
1/3
p = 2.0
p = 1.0
p = 0.0
Abb. III.11

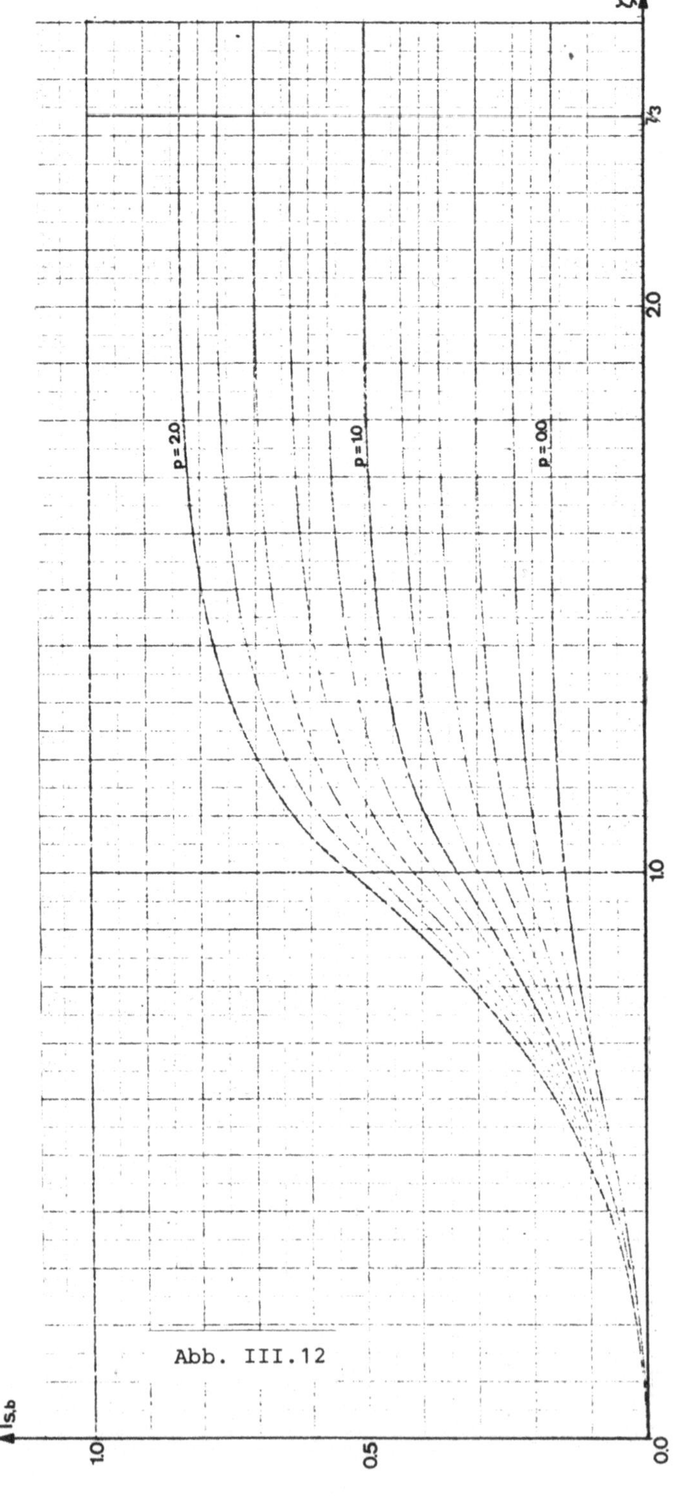

Abb. III.12

Für das Rechteck mit p = 1 wird $I_{V,b}(\zeta_o,1)$ der Inhalt der in Abb. III.1o dargestellten Fläche und $I_{S,b}(\zeta_o,1)$ deren statisches Moment um die Achse ζ = o. Man erkennt, daß für $\zeta_o \gtrsim \frac{7}{3}$, also mit $\zeta_{2.o} = \frac{3}{7}\zeta_o \gtrsim 1$ die beiden Funktionen $I_{V,b}(\zeta_o,1) \equiv 1$ und $I_{S,b}(\zeta_o,1) \equiv 0.5$ nach (III.22 c) und (III.23 c) sein müssen.

Für das Rechteck ergibt sich somit:

<u>Fall a)</u>

$$I_{V,b}(\zeta_o,1) \equiv \frac{17}{21}\,\zeta_o \qquad\qquad\qquad\qquad \text{(III.24 a)}$$

$$I_{S,b}(\zeta_o,1) \equiv \frac{33}{98}\,\zeta_o^2 \qquad\qquad\qquad\qquad \text{(III.25 a)}$$

<u>Fall b)</u>

$$I_{V,b}(\zeta_o,1) \equiv \frac{1}{16}\left[\frac{9}{7}\zeta_o + 7 + 21\cdot\frac{1}{\zeta_o} - \frac{49}{3}\cdot\frac{1}{\zeta_o^2}\right] \qquad \text{(III.24 b)}$$

$$I_{S,b}(\zeta_o,1) \equiv \frac{1}{16}\left[\frac{27}{196}\zeta_o^2 + \frac{7}{2} + 14\cdot\frac{1}{\zeta_o} - \frac{49}{4}\cdot\frac{1}{\zeta_o^2}\right] \qquad \text{(III.25 b)}$$

<u>Fall c)</u>

$$I_{V,b}(\zeta_o,1) \equiv 1 \qquad\qquad\qquad\qquad \text{(III.24 c)}$$

$$I_{S,b}(\zeta_o,1) \equiv 0.5 \qquad\qquad\qquad\qquad \text{(III.25 c)}$$

Die Funktionen $I_{V,b}$ und $I_{S,b}$ nach (III.22) bis (III.25) sind in den Abb. III.11 und III.12 dargestellt; ihre Werte können dort entnommen werden.

Mit (III.19 a) und (III.19 b) und den Integralen nach (III.22) bis (III.25) ergibt sich für das betrachtete Teiltrapez (Teilrechteck) nach (III.16 a) und (III.16 b) der Normalkraft- und der auf die Achse $\bar{z}$ = o bezogene Momentenanteil.

$$\Delta N_b = \beta_b \Delta V_b \qquad \text{bzw.} \qquad \Delta M_{b,o} = \beta_b \Delta S_b \qquad \text{(III.26 a,b)}$$

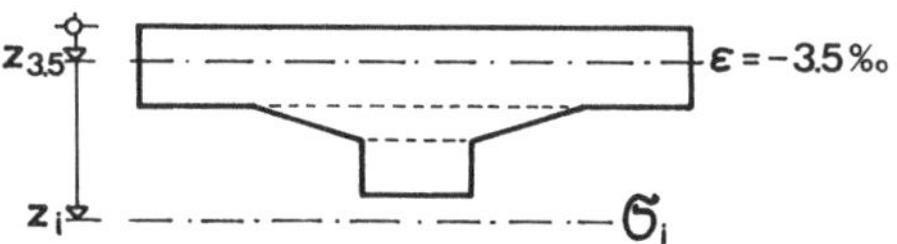

Abb. III.13

Um die gesamte Normalkraft N_b im Beton und deren gesamtes Moment M_b um die Achse $z = z_i$ (Abb. III.13) zu erhalten, muß man über die Teilflächen summieren und erhält:

$$N_b = \Sigma \Delta N_b \quad \text{und} \quad M_b = \Sigma \Delta M_{b,o} - N_b(z_i - z_{3.5}) \qquad \text{(III.27 a,b)}$$

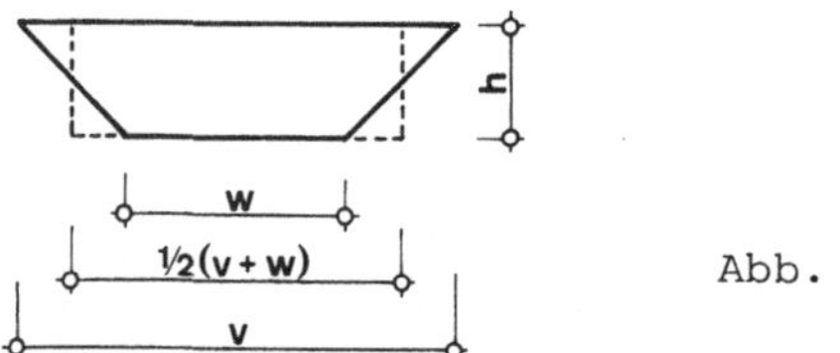

Abb. III.14

Im Hinblick auf die relativ zu den restlichen, meist rechteckigen Betonteilen des Querschnitts im allgemeinen kleinen Abmes-
sungen trapezförmiger Vouten ist es meist hinreichend genau,
bei einer Handrechnung trapezförmige Vouten durch flächengleiche
rechteckige zu ersetzen (Abb. III.14).

Für rechteckige Betonquerschnitte schlägt STARK [5] vor, zur
Vereinfachung in der gesamten Betondruckzone eine konstante, abgeminderte Betonspannung von $\sigma_b = 0.8o\ \beta_b$ anzunehmen.

Wie aus der Kurve für $p = 1$ in Abb. III.11 ersichtlich ist, ergibt sich für $\zeta_o = 1$ ein Abminderungswert von o.81, der für
$\zeta_o > 1$ jedoch sehr rasch gegen 1.o strebt. Dies bedeutet, daß
für alle Werte $\zeta_o > 1$ die Annahme nach STARK auf der sicheren
Seite liegt.

III.A.6 <u>Der Anteil des Stahlträgers</u>
         <u>an der Grenztragfähigkeit</u>

Es werden Stahlträgerquerschnitte betrachtet, die sich aus Rechtecken zusammensetzen (Obergurtlamellen, Steg, Untergurtlamellen,
Steifen). Als Arbeitslinie wird eine ideal elastisch-plastische
nach Abb. III.15 angenommen. Die Stabilität des Untergurtes
kann entsprechend I.A.2 durch eine abgeminderte Fließspannung
$\beta'_{s,D}$ erfaßt werden. Tritt im Falle der Biegung sowohl Zug als
auch Druck in einem der Stahlrechteckquerschnitte auf, so erweist es sich für eine dimensionslose Darstellung als zweck-

mäßig, einen der Werte $\beta_{s,Z}$ oder $\beta_{s,D}$ bzw. $\beta'_{s,D}$ als Bezugswert zu nehmen, wobei der Wert $\beta'_{s,D} = \beta'_s(\lambda)$ nach Abschnitt I.A.2 von der Schlankheit abhängig ist.

Der Parameter

$$\alpha = \frac{\beta_{s,D}}{\beta_{s,Z}} \quad \text{bzw.} \quad \frac{\beta'_{s,D}}{\beta_{s,Z}}$$

oder

$$\alpha = \frac{\beta_{s,Z}}{\beta_{s,D}} \quad \text{bzw.} \quad \frac{\beta_{s,Z}}{\beta'_{s,D}}$$

$$(III.28 \text{ a,b})$$

ist immer negativ.

Nach Abb. III.15 sind die plastischen Bereiche unbegrenzt. Nach Kapitel I.A.2 können Dehnungsbeschränkungen vorgegeben sein, die nach Kapitel III.A.3 zu berücksichtigen sind. Sind keine Dehnungsbeschränkungen vorgegeben, so verschwindet der Einfluß des elastischen Bereichs, und man erhält im Falle der reinen Biegung das "vollplastische Moment".

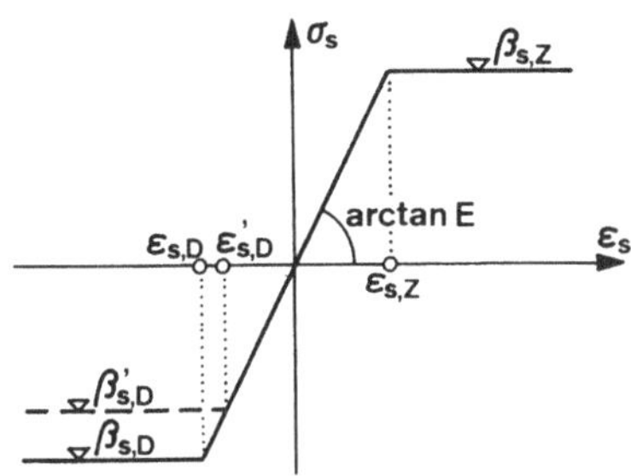

Abb. III.15

Nachfolgend wird der allgemeine Fall mit elastischen und plastischen Bereichen behandelt. Abb. III.16 zeigt die Geometrie, die Bezeichnungen und die Spannungsverteilung für ein Teilrechteck, wobei die Ordinate z für positive und negative Momente auf die Oberkante des Verbundquerschnitts bezogen wird. Wo Eindeutigkeit gegeben ist, entfällt der Index s.

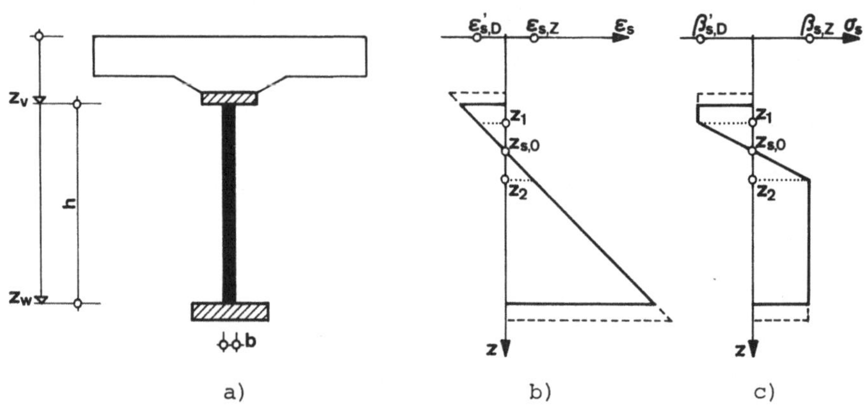

Abb. III.16

Wie in Abschnitt III.A.5 wird ein reduziertes Spannungsbild verwendet.

Mit dem resultierenden Dehnungsbild ε_R liegen Nullinie $z_{s,o}$ und
Krümmung $\varkappa_{R,s}$ des Stahlträgers fest (Abb. III.16 b). Damit ist
aufgrund der Arbeitslinie (Abb. III.15) der Spannungsverlauf
nach Abb. III.16 c festgelegt.

Für positive Krümmung gilt:

$$z_{s,o} - z_1 = - \frac{\varepsilon'_{s,D}}{\varkappa_R} = - \frac{\beta'_{s,D}}{E\varkappa_R}$$

$$z_2 - z_{s,o} = \frac{\varepsilon_{s,Z}}{\varkappa_R} = \frac{\beta_{s,Z}}{E\varkappa_R} \qquad\qquad \text{(III.29)}$$

$$z_1 = z_{s,o} + \frac{\beta'_{s,D}}{E\varkappa_R} \quad ; \quad z_2 = z_{s,o} + \frac{\beta_{s,Z}}{E\varkappa_R}$$

Aus dem Spannungsbild nach Abb. III.16 c erhält man die dimensionslosen Spannungen nach Abb. III.17 mittels Division durch
$\beta_{s,Z}$:

$$f(z,z_1,z_2,\alpha) = \frac{\sigma(z,z_1,z_2,\alpha)}{\beta_{s,Z}} \qquad\qquad \text{(III.3o)}$$

wobei $\alpha = \dfrac{\beta'_{s,D}}{\beta_{s,Z}}$ ist.

Die Integration der bezogenen Spannungsfläche ergibt mit $\beta_{s,Z}$

multipliziert die auf den betrachteten Teilquerschnitt entfallende Normalkraft ΔN_s. Das entsprechende Moment $\Delta M_{s,o}$ um die Achse $z = o$ ergibt sich als statisches Moment der in Abb. III.17 gezeigten reduzierten Spannungsfläche um diese Achse, multipliziert mit $\beta_{s,z}$.

Für positive Krümmung gilt für das betrachtete Teilrechteck:

$$\Delta N_s = b \int_{z_v}^{z_w} \sigma(z,z_1,z_2,\alpha)\,dz = \beta_{s,z} b \int_{z_v}^{z_w} f(z,z_1,z_2,\alpha)\,dz = \beta_{s,z}\Delta V_s$$

$$(\text{III.31 a})$$

$$\Delta M_{s,o} = b \int_{z_v}^{z_w} \sigma(z,z_1,z_2,\alpha)\,z\,dz = \beta_{s,z} b \int_{z_v}^{z_w} f(z,z_1,z_2,\alpha)\,z\,dz =$$

$$= \beta_{s,z}\Delta S_s$$

Für negative Krümmung ist $\beta_{s,D}$ bzw. $\beta'_{s,D}$ $\qquad$ (III.31 b)
als Bezugswert einzuführen.

Weiter ist

$$\Delta V_s = b\left[\int_{o}^{z_w} f(z,z_1,z_2,\alpha)\,dz - \int_{o}^{z_v} f(z,z_1,z_2,\alpha)\,dz\right] =$$

$$(\text{III.32 a})$$

$$= b\left[I_{V,s}(z_w,z_1,z_2,\alpha) - I_{V,s}(z_v,z_1,z_2,\alpha)\right]$$

$$\Delta S_b = b\left[\int_{o}^{z_w} f(z,z_1,z_2,\alpha)\,z\,dz - \int_{o}^{z_v} f(z,z_1,z_2,\alpha)\,z\,dz\right] =$$

$$(\text{III.32 b})$$

$$= b\left[I_{S,s}(z_w,z_1,z_2,\alpha) - I_{S,s}(z_v,z_1,z_2,\alpha)\right]$$

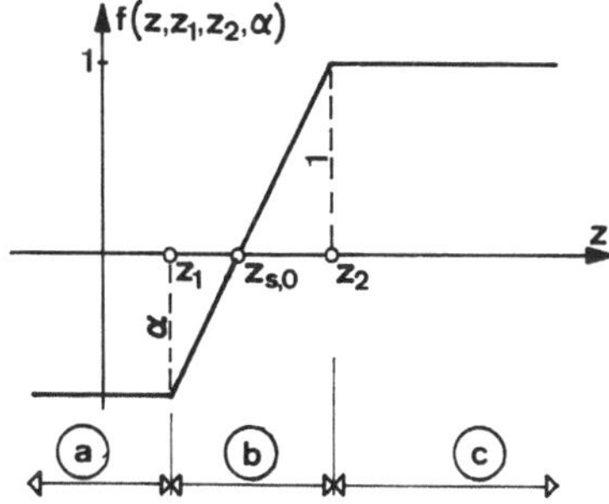

Abb. III.17

Bei der Berechnung der Integrale sind nach Abb. III.17 drei
Fälle zu unterscheiden, je nachdem, ob die obere Integrations-
grenze z_v bzw. z_w im Bereich a, b oder c liegt.

Nach Durchführung der Integration ergeben sich für $I_{V,s}(z,z_1,z_2,\alpha)$
und $I_{S,s}(z,z_1,z_2,\alpha)$ folgende Formeln:

<u>Fall a:</u> $(z \leqq z_1)$

$$I_{V,s}(z,z_1,z_2,\alpha) \equiv \alpha z \qquad\qquad (III.33\ a)$$

$$I_{S,s}(z,z_1,z_2,\alpha) \equiv \tfrac{1}{2}\alpha z^2 \qquad\qquad (III.34\ a)$$

<u>Fall b:</u> $(z_1 < z < z_2)$

$$I_{V,s}(z,z_1,z_2,\alpha) \equiv \frac{1}{2(z_2-z_1)}\left[(1-\alpha)z^2 + 2(\alpha z_2 - z_1)z + (1-\alpha)z_1^2\right]$$
$$(III.33\ b)$$

$$I_{S,s}(z,z_1,z_2,\alpha) \equiv \frac{1}{6(z_2-z_1)}\left[2(1-\alpha)z^3 + 3(\alpha z_2 - z_1)z^2 + (1-\alpha)z_1^3\right]$$
$$(III.34\ b)$$

<u>Fall c:</u> $(z \geqq z_2)$

$$I_{V,s}(z,z_1,z_2,\alpha) \equiv z - \frac{1-\alpha}{2}(z_1 + z_2) \qquad\qquad (III.33\ c)$$

$$I_{S,s}(z,z_1,z_2,\alpha) \equiv \tfrac{1}{2}z^2 - \frac{1-\alpha}{6}(z_1^2 + z_1 z_2 + z_2^2) \qquad\qquad (III.34\ c)$$

Aus (III.31 a,b) wird damit für das betrachtete Teilrechteck
des Stahlträgers

$$\Delta N_s = \beta_s b \left[I_{V,s}(z_w,z_1,z_2,\alpha) - I_{V,s}(z_v,z_1,z_2,\alpha)\right] \qquad (III.35\ a)$$

und
$$\Delta M_{s,o} = \beta_s b \left[I_{S,s}(z_w,z_1,z_2,\alpha) - I_{S,s}(z_v,z_1,z_2,\alpha)\right]$$
$$(III.35\ b)$$

Für die gesamte vom Stahlträger aufgenommene Normalkraft N_s und
das gesamte Moment um die Achse $z = z_i$ gilt dann

$$N_s = \Sigma \Delta N_s \ ; \quad M_s = \Sigma \Delta M_{s,o} - N_s z_i \ , \qquad (III.36\ a,b)$$

wobei die Summierung über den gesamten Querschnitt des Stahlträgers zu erstrecken ist.

III.A.7 Der Anteil der schlaffen Bewehrung
an der Grenztragfähigkeit

Die betrachtete j-te Bewehrungslage liegt an der Stelle $z = z_{e;j}$ und hat die Fläche $F_{e;j}$. Für den Bewehrungsstahl wird eine schiefsymmetrische Arbeitslinie nach Abb. III.18 angenommen. Die plastischen Bereiche der Arbeitslinie sind an sich unbeschränkt, Dehnungsbeschränkungen können unabhängig davon vorgegeben werden oder sind mit Rücksicht auf den Verbund mit dem umgebenden Beton ohnehin eingehalten. Für die j-te Bewehrungslage ergibt sich aus der resultierenden Dehnung ε_R die Spannung entsprechend Abb. III.18

$$\sigma_{e;j} = E\varepsilon_{R;j} \quad \text{wenn} \quad \left| E\varepsilon_{R;j} \right| \leq \beta_e$$

$$\sigma_{e;j} = \beta_e \quad \text{wenn} \quad E\varepsilon_{R;j} > \beta_e \qquad (III.37)$$

$$\sigma_{e;j} = -\beta_e \quad \text{wenn} \quad E\varepsilon_{R;j} < -\beta_e$$

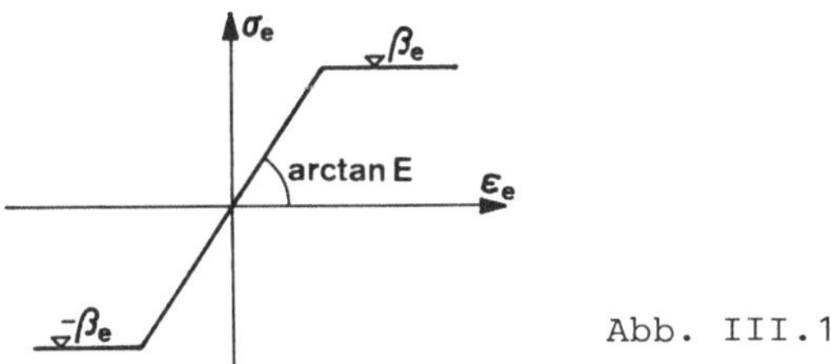

Abb. III.18

Damit ergibt sich für die betrachtete Lage der schlaffen Bewehrung die Teilnormalkraft und das Teilmoment um die Achse $z = o$.

$$\Delta N_{e;j} = F_{e;j}\sigma_{e;j} \qquad (III.38\ a)$$

$$\Delta M_{e,o;j} = \Delta N_{e;j}z_{e;j} \qquad (III.38\ b)$$

Für die gesamte schlaffe Bewehrung erhält man daraus die auf die Achse $z = z_i$ bezogenen Schnittgrößen

$$N_e = \sum_j \Delta N_{e;j} \qquad (III.39\ a)$$

$$M_e = \sum_j \Delta M_{e,o;j} - N_e z_i \qquad (III.39\ b)$$

III.A.8 Der Anteil des Spannstahls an der Grenztragfähigkeit

Für den Spannstahl gelten die gleichen Überlegungen wie für die schlaffe Bewehrung unter Zugrundelegung der Arbeitslinie nach Abb. III.19. Der Index e ist durch den Index z zu ersetzen. Die Spannungen $\sigma_{z;j}$ sind aus den resultierenden Dehnungen $\varepsilon_{R;j}$ der jeweiligen Spannstahllage analog (III.37) zu mitteln.

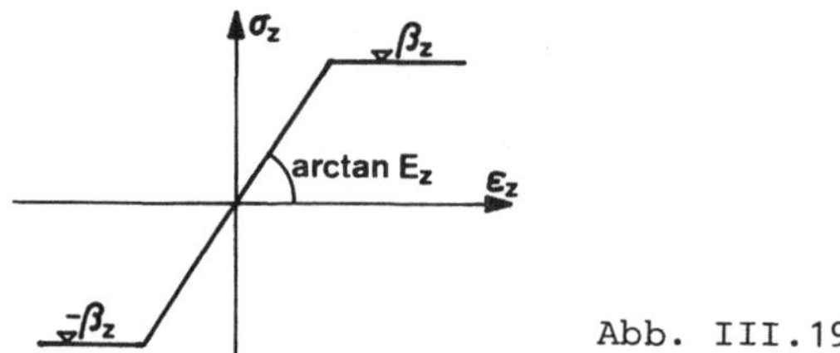

Abb. III.19

Damit erhält man für die j-te Spannstahllage

$$\Delta N_{z;j} = F_{z;j}\sigma_{z;j} \qquad\qquad\text{(III.40 a)}$$

$$\Delta M_{z,o;j} = \Delta N_{z;j}z_{z;j} \qquad\qquad\text{(III.40 b)}$$

und für den gesamten Spannstahlquerschnitt:

$$N_z = \sum_j \Delta N_{z;j} \qquad\qquad\text{(III.41 a)}$$

$$M_z = \sum_j \Delta M_{z,o;j} - N_z z_i \qquad\qquad\text{(III.41 b)}$$

III.A.9 Iterative Nullinienbestimmung

Nach den Abschnitten III.A.2 bis III.A.8 kann für eine angenommene oder vorgegebene Lage der Nullinie z_o des Sekundärzustandes ($\varepsilon_{II} = o$) das Wertepaar $\{N_u,\ M_u\}$ der Grenztragfähigkeit eines Querschnitts ermittelt werden.

Ein wesentlicher Punkt bei der Berechnung der Grenztragfähigkeit ist das Auffinden der tatsächlichen Nullinie des Sekundärzustandes. Sie gilt als gefunden, wenn das aus ständiger Last und Verkehr im Gebrauchslastenzustand vorgegebene Belastungsverhältnis $\psi_o = N_{g+p}/M_{g+p}$ auch im Traglastzustand eingehalten ist.

$$\psi_o = \frac{N_{g+p}}{M_{g+p}} = \frac{N_u - N_{I,o}}{M_u - M_{I,o}} \qquad (III.42)$$

$N_{I,o}$ und $M_{I,o}$ bezeichnen jene Schnittbelastungen des Primärzustandes, die nicht aus ständiger Last herrühren und bei der Laststeigerung nicht mitzuerfassen sind, wie z.B. Zwängungsschnittgrößen.

Es sind zwei Sonderfälle möglich:

a) reine Biegung ($\psi_o = o$, Bedingung: $N_u = o$)
b) reine Längskraft ($\psi_o = \infty$, Bedingung: $M_u = o$)

Im allgemeinen ist eine genaue Ermittlung der Nullinie nur iterativ möglich, wobei zum Beispiel der Algorithmus der REGULA FALSI anwendbar ist, wie nachfolgend dargelegt wird. In Abschnitt III.A.1o wird ein Verfahren zur Nullinienbestimmung gezeigt, das unter gewissen Voraussetzungen ohne Iteration zu guten Näherungen führt.

<u>Allgemeiner Fall</u> $\psi_o = \dfrac{N_{g+p}}{M_{g+p}}$:

Für jede angenommene oder bereits verbesserte Lage der Nullinie ergibt sich ein Wertepaar $\{N_u, M_u\}$ und ein zugehöriger Quotient $\psi = (N_u - N_{I,o})/(M_u - M_{I,o})$. Nach Abb. III.2o ist die Abszisse z_o^* des Schnittpunktes der $\psi(z_o)$-Kurve mit der horizontalen Geraden $\psi = \psi_o$ der gesuchte Wert für die Lage der Nullinie.

Die Berechnung erfolgt über die Annahme zweier Werte $z_{o,1}$ und $z_{o,2}$, zu denen die Größen $\psi_1 = \psi(z_{o,1})$ und $\psi_2 = \psi(z_{o,2})$ zu ermitteln sind. Die durch die gefundenen Punkte bestimmte Sekante stellt eine Näherung der ψ-Kurve dar und ergibt, mit der Geraden $\psi = \psi_o$ geschnitten, einen verbesserten Wert $z_{o,3}$. In dieser Weise kann die iterative Annäherung an z_o^* so lange fortgeführt werden, bis der Fehler in den ψ-Werten hinreichend klein wird.

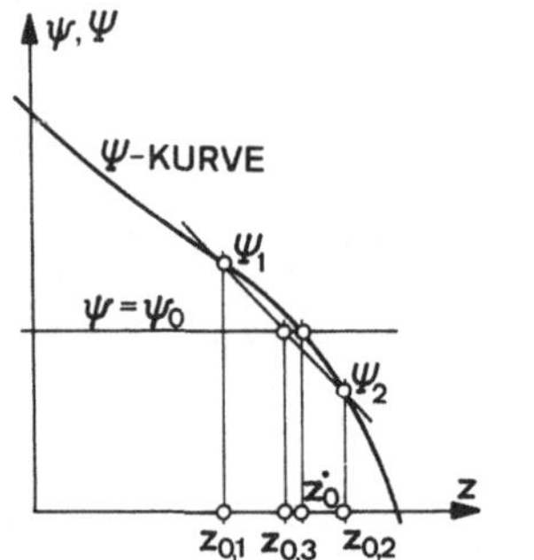

Abb. III.2o

Sonderfall a)

(reine Biegung)

Mit $\psi_0 = o$ erfolgt der Rechnungsgang gleich wie im allgemeinen
Fall.

Sonderfall b)

(reine Längskraft)

Anstatt der Werte ψ und Ψ rechnet man zweckmäßig über deren
Kehrwerte $\frac{1}{\psi}$ und $\frac{1}{\Psi}$. Mit $\frac{1}{\psi_0} = o$ kann die Rechnung formal gleich
wie oben ablaufen.

III.A.1o Näherungsweise Ermittlung der Nullinie bei reiner
          Biegung in Sonderfällen

Für Querschnitte, deren Betonanteil rechteckig ist, kann man
unter Annahme vereinfachter Arbeitslinien für die Stahlteile
in guter Näherung die Lage der Nullinie aus einer Gleichung ermitteln.

Folgende Voraussetzungen sollen getroffen werden:

a) Der Stahl des Trägers, der schlaffen und Spannbewehrung gehorcht der idealisierten Arbeitslinie nach Abb. III.21. Dabei
   werden die Fließgrenzen auf Zug und Druck als betragsmäßig
   gleich vorausgesetzt.

b) Die Betonranddehnung beträgt $-3.5\ ^o/oo$.

c) Ein Primärzustand wird nicht berücksichtigt.

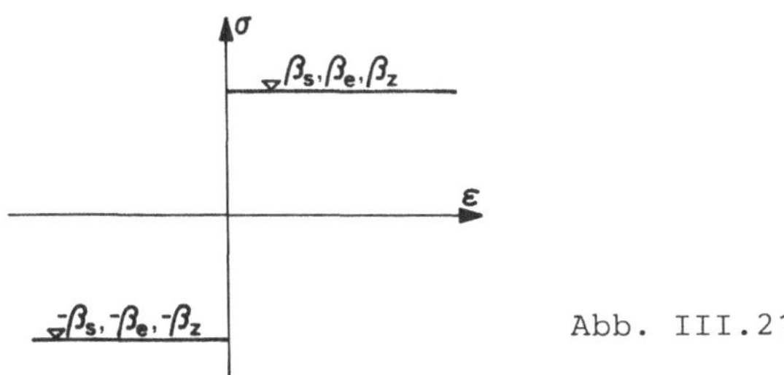

Abb. III.21

Auf Grund der Voraussetzung a) ist dieses Verfahren nur dann geeignet, wenn eine weitgehende Plastizierung des gesamten Stahlanteils möglich ist, z.B. bei unbegrenzten Stahldehnungen. Jede Bewehrungslage und jede Faser mit der Ordinate z_j, an der sich die Breite eines Teilquerschnittes sprunghaft ändert, teilt die Querschnittshöhe in Teilbereiche Δ_j (Abb. III.22). Zuerst legt man die Nullinie in Grenzlinien z_j von Bereichen Δ_j und Δ_{j+1}, wo man sie etwa erwartet (z.B. nach Abb. III.22 a in z_3). Damit liegen das Dehnungsbild (Abb. III.22 b) und die zugehörigen Spannungen (Abb. III.22 c) fest.

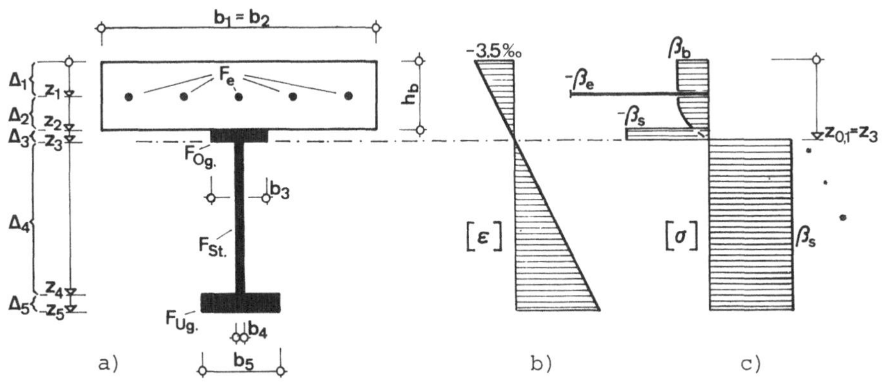

Abb. III.22

Die Druckkraft im Beton kann nach Abschnitt III.A.5 berechnet werden. Für die Stahlanteile ergibt sich die Normalkraft $N_s = \sum_j F_j \beta_{s;j}$, wobei F_j die einzelnen Stahlteilflächen und $\pm\beta_{s;j}$ die zugehörigen Fließgrenzen sind. Ändert die Normalkraft beim Fortschreiten von einer Grenzlinie z_{j-1} zur nächsten z_j ihr Vor-

zeichen, so ist der Bereich festgelegt, in dem die Nullinie
liegt.

Bei Variation der Nullinie in einem Bereich Δ_j - gleichgültig,
ob er dem Beton- oder Stahlträgerquerschnitt zugehört - ändert
sich der Verlauf der Betonspannungen. Ist dieser Bereich Teil
des Stahlträgers, so ändern sich die Stahlspannungen aufgrund
der Voraussetzungen a) ausschließlich in diesem Bereich. In
allen anderen Bereichen bleiben die Stahlspannungen $\sigma_s = \pm\beta_s$
konstant (siehe z.B. Abb. III.23).

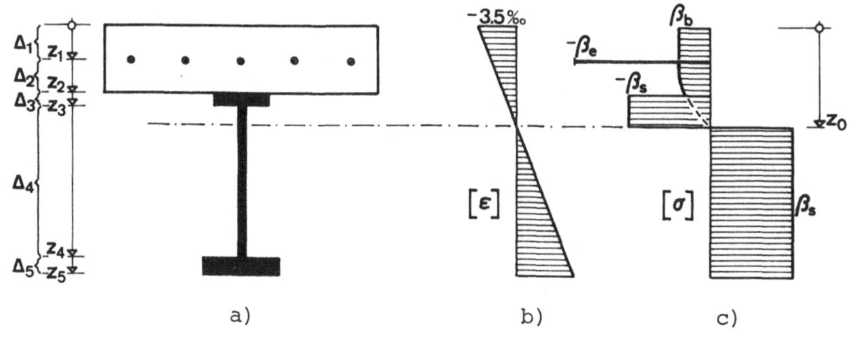

a)   b)   c)

Abb. III.23

F_O bzw. F_u sind die Summen aller nach (III.43) entsprechend
ihrer Fließspannungen reduzierten Stahlteilflächen oberhalb bzw.
unterhalb des Bereiches Δ_j, in dem die Nullinie liegt. Dieser
Bereich wird getrennt behandelt. Z.B. ist nach Abb. III.23
$F_O = F_e^* + F_{Og.}$ und $F_u = F_{Ug.}$, läge die Nullinie im Bereich Δ_3,
so wäre $F_O = F_e^*$ und $F_u = F_{St.} + F_{Ug.}$.

Die Flächen aller Teilquerschnitte werden im Verhältnis ihrer
Fließspannungen reduziert. Als Bezug wird die Fließgrenze β_s
gewählt.

$$F_b^* = - F_b \frac{\beta_b}{\beta_s} \quad ; \quad F_e^* = F_e \frac{\beta_e}{\beta_s} \qquad\qquad (III.43)$$

a) Die Nullinie liegt nicht im Beton

Unter Beachtung des negativen Vorzeichens von β_b und mit
$\zeta_o = z_o/h_b$ und $\zeta_j = z_j/h_b$ ergibt sich die gesamte Druckkraft
mit (III.16 a) und (III.21 a)

$$D = F_b{}^\beta{}_b I_{V,b}(\zeta_o,1) - F_o \beta_s - h_b b_j \cdot (\zeta_o - \zeta_{j-1}) \beta_s \qquad (III.44)$$

und die Zugkraft

$$Z = h_b b_j \cdot (\zeta_j - \zeta_o) \beta_s + F_u \beta_s \qquad (III.45)$$

Da deren Summe bei reiner Biegung Null ist, ergibt sich

$$F_b{}^\beta{}_b I_{V,b}(\zeta_o,1) + \left[F_u - F_o + h_b b_j \cdot (\zeta_{j-1} + \zeta_j) - 2h_b b_j \zeta_o \right] \beta_s = 0 \qquad (III.46)$$

Setzt man $F_s^* = F_u - F_o + h_b b_j \cdot (\zeta_{j-1} + \zeta_j)$ und dividiert (III.46) durch β_s, so ergibt sich

$$-F_b^* I_{V,b}(\zeta_o,1) - 2h_b b_j \zeta_o + F_s^* = 0 \qquad (III.47)$$

Die Funktion $I_{V,b}(\zeta_o,1)$ ist in (III.24) in Abhängigkeit der Intervalle angegeben, in denen ζ_o liegt. Für $\zeta_o \geqq \frac{7}{3}$ ist $I_{V,b}(\zeta_o,1) \equiv 1$.

Nimmt man vorerst $\zeta_o \geqq \frac{7}{3}$ an, sofern dieser Fall im betrachteten Bereich Δ_j möglich ist, dann ergibt sich für die Lage der Nulllinie

$$\zeta_o = \frac{F_s^* - F_b^*}{2h_b b_j} \qquad (III.48)$$

Erhält man aus (III.48) $\zeta_o < \frac{7}{3}$ oder ist im Bereich Δ_j nur ein Wert $\zeta_o < \frac{7}{3}$ möglich, so lautet die Gleichung (III.47) mit (III.24 b):

$$-\frac{F_b^*}{16}\left(\frac{9}{7}\zeta_o + 7 + 21 \cdot \frac{1}{\zeta_o} - \frac{49}{3} \cdot \frac{1}{\zeta_o^2}\right) - 2h_b b_j \zeta_o + F_s^* = 0 \qquad (III.49)$$

bzw. nach Potenzen von ζ_o geordnet

$$\zeta_o^3 \left(\frac{9}{112}F_b^* + 2h_b b_j\right) + \zeta_o^2 \left(\frac{7}{16}F_b^* - F_s^*\right) + \zeta_o \cdot \frac{21}{16}F_b^* + \frac{49}{48} = 0 \qquad (III.50)$$

Mit

$$\alpha_o = \frac{\dfrac{49}{48}}{\dfrac{9}{112}F_b^* + 2h_b b_j}$$

$$\alpha_1 = \frac{\dfrac{21}{16}F_b^*}{\dfrac{9}{112}F_b^* + 2h_b b_j} \qquad (III.51)$$

$$\alpha_2 = \frac{\dfrac{7}{16}F_b^* - F_s^*}{\dfrac{9}{112}F_b^* + 2h_b b_j}$$

ergibt sich aus (III.5o) die Gleichung

$$\zeta_o^3 + \alpha_2 \zeta_o^2 + \alpha_1 \zeta_o + \alpha_o = o \; ,$$ (III.52)

die mit

$$p = \alpha_1 - \frac{\alpha_2^2}{3} \quad \text{und} \quad q = \alpha_o - \frac{\alpha_1 \alpha_2}{3} + \frac{2\alpha_2^2}{27}$$ (III.53 a,b)

folgende Lösung besitzt:

$$\zeta_o = \sqrt[3]{-\frac{q}{2} + \sqrt{\frac{q^2}{4} + \frac{p^3}{27}}} + \sqrt[3]{-\frac{q}{2} - \sqrt{\frac{q^2}{4} + \frac{p^3}{27}}} - \frac{\alpha_2}{3}$$ (III.54)

Diese allgemeine Lösung der kubischen Gleichung (III.5o) bzw. (III.52) besitzt drei Lösungen, die man erhält, wenn man jeweils nur jene Werte der beiden Kubikwurzeln kombiniert, deren Produkt -p/3 beträgt.

b) Die Nullinie liegt im Beton

Für diesen Fall gilt:

$$-F_b^* I_{V,b}(\zeta_o, 1) + F_s^* = o \; ,$$ (III.55)

wobei $I_{V,b}(\zeta_o, 1) = \frac{17}{21}\zeta_o$ und $F_s^* = F_u - F_\ominus$ ist.
Damit wird

$$\zeta_o = \frac{17}{21} \cdot \frac{F_s^*}{F_b^*}$$ (III.56)

Geht die Nullinie durch eine Bewehrungslage hindurch, so wird diese nicht berücksichtigt.

Mit der Lage der Nullinie $z_o = \zeta_o h_b$ liegt das Dehnungsbild fest. Damit kann unter Beachtung von Abb. III.22 bzw. Abb. III.23 die Momententragfähigkeit M_u des Querschnittes in Näherung berechnet werden.

III.A.11 Zahlenbeispiele

In den folgenden drei Zahlenbeispielen wird die Berechnung der Grenztragfähigkeit von Querschnitten entsprechend Abschnitt III.A.2 bis III.A.9 gezeigt. Bei den ersten beiden Querschnitten erfolgt die Berechnung für den Zeitpunkt t = o, wobei keine Primärdehnungen auftreten. Beim dritten, einem Spannbetonquerschnitt, sind sowohl zum Zeitpunkt t = o als auch später (z.B. t = ∞) Primärdehnungen bei der Ermittlung der Grenztragfähigkeit zu berücksichtigen.

<u>Beispiel 5: Stahlträgerverbundquerschnitt; t = o</u>

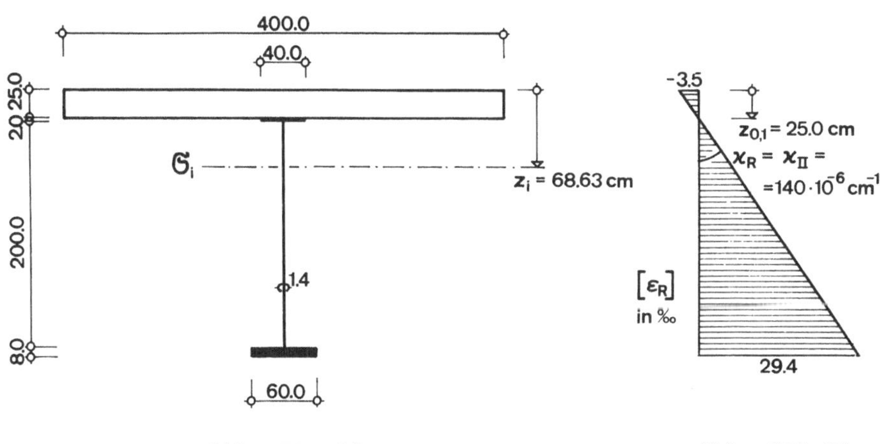

Abb. III.24   Abb. III.25

Der Querschnitt ist in Abb. III.24 dargestellt. Er liegt im Bereich positiver Momente. Deshalb kann $\beta_{s,D} = -\beta_{s,Z} = -\beta_s$ angenommen werden, woraus $\alpha = -1.o$ folgt.

<u>Beton:</u> Bn 35o   <u>Stahl:</u> St 37

$$E_b = 34o \text{ Mp/cm}^2 \qquad\qquad \beta_s = 2.4oo \text{ Mp/cm}^2$$
$$\beta_b = -o.21o \text{ Mp/cm}^2$$

Vordehnungen: $\varepsilon_I \equiv o$, $\varkappa_I = o$

<u>1. Annahme:</u> $z_{o,1} = 25.o$ cm

Das zugehörige Dehnungsbild ist in Abb. III.25 dargestellt. Mit $\varepsilon_I \equiv o$ ergibt sich nach (III.3):

$$\varepsilon_R = \varepsilon_{II}; \quad \varkappa_R = \varkappa_{II} = 14o \cdot 1o^{-6} \text{ cm}^{-1}$$
$$z_{b,o} = z_{s,o} = z_{o,1} = 25.o \text{ cm}$$

<u>Beton:</u>

$$z_{3.5} = o; \quad \bar{z} = z; \quad \bar{z}_o = z_{b,o} = 25.o \text{ cm}$$

$$\bar{z}_v = 0.0 \longrightarrow \zeta_{v,o} = \infty \; ; \quad \bar{z}_w = 25.0 \longrightarrow \zeta_{w,o} = 1.0$$

$$v = w = 4oo.o; \quad u = 4oo.o \longrightarrow p_v = p_w = 1.o \qquad (III.17)$$

$$I_{V,b}(\infty,1.o) = 1.0000; \quad I_{V,b}(1.o,1.o) = o.8o95$$

$$(\text{aus Abb. III.11})$$

$$N_b = -o.21o \cdot \left[25.0 \cdot 4oo.o \cdot o.8o95 - o.o \cdot 4oo.o \cdot 1.0000 \right] =$$

$$= -17oo.o \text{ Mp} \qquad (\text{nach (III.26 a)})$$

<u>Stahl</u>: $\alpha = -1.o$ (siehe Abb. III.16)

$$z_{s,o} = 25.o$$

$$z_1 = 25.o + \frac{-2.4oo}{21oo \cdot o.ooo14} = 17.64 \text{ cm}$$

$$z_2 = 25.o + \frac{2.4oo}{21oo \cdot o.ooo14} = 32.36 \text{ cm}$$

$$I_{V,s}(25.o,17.64,32.36,-1.o) = \frac{1}{2(32.36-17.64)} \cdot$$

$$\cdot \left[2 \cdot 25^2 + 2(-32.36-17.64) \cdot 25 + 2 \cdot 17.64^2 \right] = -21.32$$

$$I_{V,s}(27.o,17.64,32.36,-1.o) = \frac{1}{2(32.36-17.64)} \cdot \qquad (III.33 \text{ b})$$

$$\cdot \left[2 \cdot 27^2 + 2(-32.36-17.64) \cdot 27 + 2 \cdot 17.64^2 \right] = -21.o5$$

$$I_{V,s}(227.o,17.64,32.36,-1.o) =$$

$$= 228.o - \frac{2.o}{2} \cdot (17.64+32.36) = +177.oo$$

$$(III.33 \text{ c})$$

$$I_{V,s}(235.o,17.64,32.36,-1.o) =$$

$$= 235.o - \frac{2.o}{2} \cdot (17.64+32.36) = +185.oo$$

Obergurt $\quad \Delta N_{s,1} = 2.4oo \cdot 4o.o \cdot [-21.o5-(-21.32)] = \quad +25.92$ Mp

Steg $\quad\quad \Delta N_{s,2} = 2.4oo \cdot 1.4 \cdot [+177.oo-(-21.o5)] = \quad +665.45$ Mp

Untergurt $\quad \Delta N_{s,3} = 2.4oo \cdot 6o.o \cdot [+185.oo-177.oo] = \quad +1152.oo$ Mp

$$(III.35 \text{ a})$$

$$N_s = \sum_{j=1}^{3} \Delta N_{s;j} = 1843.37 \text{ Mp} \qquad (III.36 \text{ a})$$

Eine Handrechnung könnte in einfacherer Weise erfolgen: Aus dem Dehnungsbild (Abb. III.25) erkennt man, daß z.B. der gesamte Untergurt fließt und somit der Längskraftanteil $\Delta N_{s,3} = 2.4oo \cdot 6o.o \cdot 8.o = +1152.oo$ Mp ist. Hier wird ein rein schematischer Rechenvorgang gezeigt, der vor allem für die elektronische Rechnung gut geeignet ist.

Insgesamt ergibt sich für die angenommene Nullinie $z_{o,1} = 25.o$ cm eine Normalkraft

$$N_{u,1} = -17oo.oo + 1843.37 = +143.37 \text{ Mp} \qquad \text{(III.13 a)}$$

Aus dem positiven Vorzeichen von $N_{u,1}$ folgt, daß die Nullinie tiefer liegen muß.

<u>2. Annahme:</u> $z_{o,2} = 27.o$ cm

<u>Dehnungsbild:</u>

OK. Querschnitt ($z = o$) $\varepsilon_R = \varepsilon_{II} = -3.5o \ ^o/oo$

UK. Querschnitt ($z = 235$) $\varepsilon_R = \varepsilon_{II} = +26.96 \ ^o/oo$

Krümmung $\varkappa_R = \varkappa_{II} = 129.6 \cdot 1o^{-6} \ \text{cm}^{-1}$

<u>Beton:</u>

$$\bar{z}_o = z_{b,o} = 27.o \text{ cm}$$

$$\zeta_{v,o} = \infty \ ; \quad \zeta_{w,o} = 1.o8o$$

$$p_v = p_w = 1.o$$

$$I_{V,b}(\infty ,1.o) = 1.oooo; \quad I_{V,b}(1.o8o,1.o) = o.862$$

$$\qquad\qquad\qquad\qquad\qquad\qquad\qquad\qquad \text{(aus Abb. III.11)}$$

$$N_b = -181o.2o \text{ Mp}$$

<u>Stahl:</u>

$$z_{s,o} = 27.o; \quad z_1 = 18.18; \quad z_2 = 35.82 \text{ cm}$$

$$I_{V,s}(25.o,18.18,35.82,-1.o) = -22.36$$
$$I_{V,s}(27.o,18.18,35.82,-1.o) = -22.59 \qquad \text{(III.33 b)}$$

$$I_{V,s}(227.o,18.18,35.82,-1.o) = +173.oo$$
$$I_{V,s}(235.o,18.18,35.82,-1.o) = +181.oo \qquad \text{(III.33 c)}$$

Obergurt $\Delta N_{s,1} = -22.o8$

Steg $\Delta N_{s,2} = + 657.17$ (III.35 a)

Untergurt $\Delta N_{s,3} = +1152.oo$

$$N_s = +1787.oo$$

$$N_{u,2} = -181o.2o + 1787.oo = -23.1o$$

Somit liegt die Nullinie im Stahlträgerobergurt. Ein verbesserter Wert $z_{o,3}$ für die Lage der Nullinie wird nach der REGULA FALSI entsprechend Abschnitt III.A.9 bzw. Abb. III.26 gefunden.

<u>3. Annahme:</u> $z_{o,3}$ = 26.72 cm

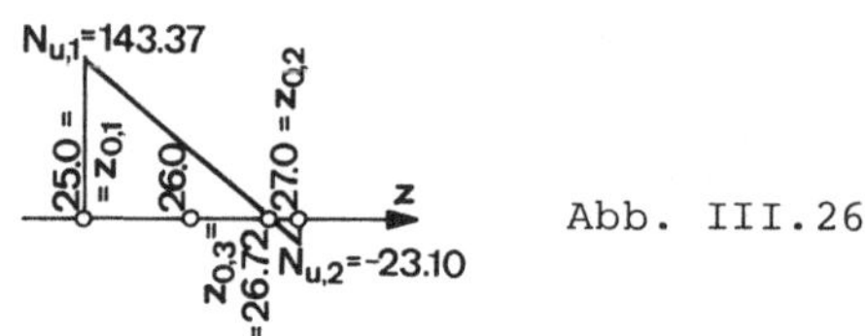

Abb. III.26

<u>Dehnungsbild:</u>

OK. Querschnitt $\quad \varepsilon_R = \varepsilon_{II} = -3.50$ $^o/_{oo}$

UK. Querschnitt $\quad \varepsilon_R = \varepsilon_{II} = +27.28$ $^o/_{oo}$

Krümmung $\qquad \varkappa_R = \varkappa_{II} = 131.o \cdot 1o^{-6}$ cm^{-1}

In der gleichen Weise wie bei den ersten beiden Annahmen ergibt
sich für

$N_b \quad = -1797.6o$ Mp

$N_s \quad = \quad 1794.o1$ Mp

$N_{u,3} = \quad -3.59$ Mp $\approx$ o

Damit könnte man einen neuen, besseren Wert $z_{o,4}$ finden usw.
Die Iteration kann aber schon hier abgebrochen werden. Nun erfolgt die Berechnung des Momentes M_u.

<u>Beton:</u>

$\zeta_{v,o} = \infty \longrightarrow I_{S,b}(\infty,1.o) \quad = o.5oo$

$\zeta_{w,o} = 1.o69 \longrightarrow I_{S,b}(1.o69,1.o) = o.378$

$\qquad\qquad\qquad\qquad\qquad$ (aus Abb. III.12)

$M_b = -o.21o \cdot \left[25.o^2 \cdot 4oo \cdot o.378 - o.o^2 \cdot 4oo.o \cdot o.5oo\right] -$

$\qquad - (-1797.6o) \cdot 68.63 = -19\ 845 + 123\ 369 = \qquad$ (III.26 b)

$\qquad = 1o3\ 524$ Mpcm $= 1o35.24$ Mpm

<u>Stahl:</u>

$z_1 = 18.oo$ cm; $\quad z_2 = 35.44$ cm

$I_{S,s}(25.o,18.oo,35.44,-1.o) = \dfrac{1}{6(35.44-18.oo)} \cdot$

$\qquad \cdot \left[4 \cdot 25.o^3 + 3(-35.44-18.oo) \cdot 25.o^2 + 2 \cdot 18.oo^3\right] = -253.o3$

$I_{S,s}(27.o,18.oo,35.44,-1.o) = \dfrac{1}{6(35.44-18.oo)} \cdot \qquad$ (III.34 b)

$\qquad \cdot \left[4 \cdot 27.o^3 + 3(-35.44-18.oo) \cdot 27.o^2 + 2 \cdot 18.oo^3\right] = -248.81$

$$I_{S,s}(227.0, 18.00, 35.44, -1.0) = \tfrac{1}{2} \cdot 227.0^2 -$$

$$- \tfrac{2}{6} \cdot (18.00^2 + 18.00 \cdot 35.44 + 35.44^2) = +25\,025.2o$$

(III.34 c)

$$I_{S,s}(235.0, 18.00, 35.44, -1.0) = \tfrac{1}{2} \cdot 235.0^2 -$$

$$- \tfrac{2}{6} \cdot (18.00^2 + 18.00 \cdot 35.44 + 35.44^2) = +26\,873.2o$$

Obergurt:

$$\Delta M_{s,o;1} = 2.4oo \cdot 4o.o \cdot \left[-253.o3 - (-248.81) \right] = \qquad -4o4.64 \quad \text{Mpcm}$$

Steg:

$$\Delta M_{s,o;2} = 2.4oo \cdot 1.4 \cdot \left[25o25.2o - (-253.o3) \right] = \quad +84\,934.85 \quad \text{Mpcm}$$

Untergurt:

$$\Delta M_{s,o;3} = 2.4oo \cdot 6o.o \cdot \left[26873.2o - 25o25.2o \right] = +266\,112.oo \quad \text{Mpcm}$$

(III.35 b)

$$M_s = \sum_{j=1}^{3} \Delta M_{s,o;j} - N_s z_i = +35o\,642.21 - 1794.o1 \cdot 68.63 =$$

$$= +227\,519 \quad \text{Mpcm} = +2275.19 \quad \text{Mpm}$$

(III.36 b)

$$M_u = 1o35.24 + 2275.19 = +331o.43 \quad \text{Mpm}$$

(III.13 b)

Beispiel 6: Schlaff bewehrter Trapezquerschnitt (t = o)

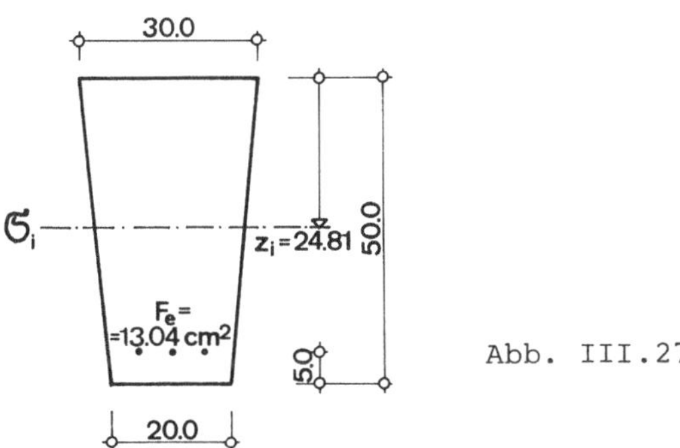

Abb. III.27

Berechnung der Grenztragfähigkeit nach ÖNORM B 42oo, 9. Teil.

Beton B 3oo $\qquad \beta_b = -o.225 \text{ Mp/cm}^2; \qquad \varepsilon_u = -2.o \text{ }^o/oo \text{ } / \text{ } +\infty$

Stahl ℛ 5o $\qquad \beta_e = 5.ooo \text{ Mp/cm}^2; \qquad \varepsilon_u = -\infty \text{ } / \text{ } +4.o \text{ }^o/oo$

Der Querschnitt ist in Abb. III.27 dargestellt. Es sind keine
Vordehnungen zu beachten ($\varepsilon_I \equiv o$).

Die iterative Nulliniensuche wurde im Zahlenbeispiel 5 gezeigt.
In diesem Beispiel wird deshalb sofort die tatsächliche Lage
z_o^* der Nullinie der Berechnung der Grenztragfähigkeit zugrunde
gelegt.

$$\underline{z_o^* = 15.oo \ cm}$$

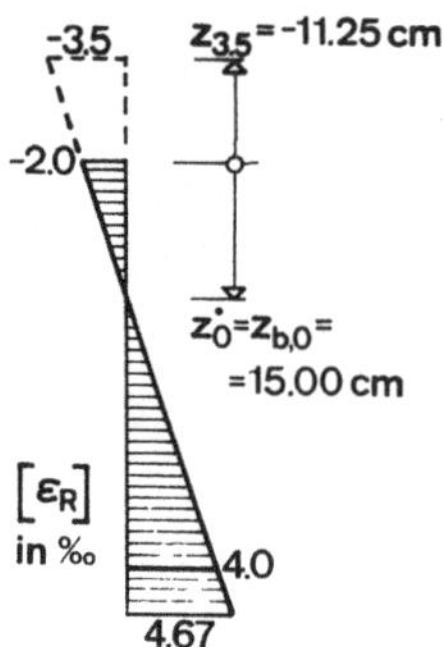

Abb. III.28

Aufgrund der angeführten Dehnungsbeschränkungen ergibt sich
unter Beachtung der Primärdehnungen $\varepsilon_I \equiv o$ das Dehnungsbild
$\varepsilon_R \equiv \varepsilon_{II}$ nach Abb. III.28. Durch die gedachte, gestrichelt dar-
gestellte Ergänzung des Querschnitts nach oben bis $z = z_{3.5}$
sind die Kurventafeln Abb. III.11 und Abb. III.12 anwendbar.

<u>Beton:</u>

$$
\begin{aligned}
z_V &= o.o \longrightarrow \bar{z}_V = 11.25 \\
z_W &= 5o.o \longrightarrow \bar{z}_W = 61.25 \\
z_{b,o} &= 15.o \longrightarrow \bar{z}_o = 26.25
\end{aligned}
\qquad \text{(III.15)}
$$

Mit (III.2o b) ergibt sich daraus $\zeta_{V,o} = 2.3333$, $\zeta_{W,o} = o.4286$.

Nach (III.17) ist $u = 3o.o-(2o.o-3o.o)\cdot\dfrac{11.25}{5o.o} = 32.35$, womit man

$p_V = \dfrac{3o.o}{32.25} = o.93o2$ und $p_W = \dfrac{2o.o}{32.25} = o.62o2$ erhält.

Die Berechnung von Normalkraft und Moment erfolgt über (III.16)
und (III.21). Dazu erhält man aus den Kurventafeln Abb. III.11
und Abb. III.12 folgende Hilfswerte:

$$I_{V,b}(0.4286, 0.6202) = 0.324 \qquad I_{S,b}(0.4286, 0.6202) = 0.055$$
$$I_{V,b}(2.3333, 0.9302) = 0.965 \qquad I_{S,b}(2.3333, 0.9302) = 0.477$$

Es ergibt sich

$$N_b = -0.225 \cdot \left[61.25 \cdot 32.25 \cdot 0.324 - 11.25 \cdot 32.25 \cdot 0.965 \right] = -65.22 \ \text{Mp}$$
$$M_b = -0.225 \cdot \left[61.25^2 \cdot 32.25 \cdot 0.055 - 11.25^2 \cdot 32.25 \cdot 0.477 \right] -$$
$$- (-65.22) \cdot (24.81 + 11.25) = +1292.7 \ \text{Mpcm} = 12.93 \ \text{Mpm}$$

<u>Stahl</u>: (Spannungsermittlung nach (III.37))

$$\varepsilon_R = 4.00 \ \text{‰}, \quad E\varepsilon_R = 2100 \cdot 0.004 = +8.400 > \beta_e$$
$$\sigma_e = +5.000 \ \text{Mp/cm}^2$$

Mit (III.38) und (III.39) erhält man

$$N_e = 13.04 \cdot 5.000 = 165.20 \ \text{Mp}$$
$$M_e = 65.20 \cdot (45.00 - 24.81) = 1316.4 \ \text{Mpcm} = 13.16 \ \text{Mpm}$$

Insgesamt ergibt sich mit (III.13):

$$N_u = -65.22 + 65.20 = -0.02 \ \text{Mp} \approx 0$$
$$M_u = 12.93 + 13.16 = 26.09 \ \text{Mpm}$$

<u>Beispiel 7: Spannbetonquerschnitt (Kasten)</u>

a) Berechnung von $M_{u,0}$ zur Zeit $t = 0$
b) Berechnung von $M_{u,\infty}$ zur Zeit $t = \infty$

Es wird die Berechnung der Momententragfähigkeit des Spannbeton-
querschnitts nach Abb. III.29 für $t = 0$ bzw. $t = \infty$ unter Berücksichtigung des jeweiligen Primärzustandes gezeigt.

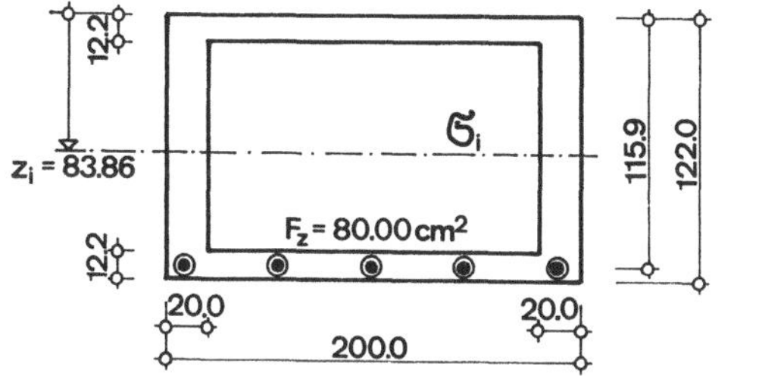

Abb. III.29

Dieser Querschnitt wurde im Beispiel 4 von Abschnitt II.D.3 für eine Belastung M_g = 2oo Mpm ständiger Last und M_p = 3oo Mpm Verkehr dimensioniert.

Beton:

$$\text{Bn 35o;} \qquad E_b = 34o \text{ Mp/cm}^2; \qquad \beta_b = -o.21o \text{ Mp/cm}^2$$

Spannstahl:

$$\text{St 125/14o;} \qquad E_z = 2o5o \text{ Mp/cm}^2; \qquad \beta_z = 12.5oo \text{ Mp/cm}^2$$

Das Schwinden wird mit $\varepsilon_{s,\infty}$ = 2o $\cdot$ 1o^{-5}, das Kriechen mit φ_∞ = 2.o im Primärzustand für t = ∞ berücksichtigt. Bezüglich der iterativen Nulliniensuche sei auf das Zahlenbeispiel 5 verwiesen. Die Berechnung der Grenztragfähigkeit erfolgt in diesem Beispiel sowohl für t = o als auch für t = ∞ mit der tatsächlichen Nullinie z_o^*.

Primärzustände aus

α) Vorspannung V_o = 627.2 Mp   (wirkt auf Betonquerschnitt)
β) ständiger Last M_g = 2oo.o Mpm   (wirkt auf Betonquerschnitt)
γ) Kriechen und Schwinden (nur für t = ∞)

<u>a) t = o</u> ; z_o^* = 73.82 cm

<u>Dehnungsbild:</u>

Die Primärdehnungen ε_I, die sich aus Vorspannung und ständiger Last ergeben, sind in Abb. III.3o a dargestellt. Dazu wird der Sekundärzustand mit den Dehnungen ε_{II} nach Abb. III.3o b superponiert, bis die resultierenden Dehnungen $\varepsilon_R = \varepsilon_I + \varepsilon_{II}$ (Abb. III.3o c) in einer Faser eine vorgegebene Schranke erreichen. In diesem Beispiel ist dies an der Oberkante des Querschnitts mit der Grenzdehnung ε_u = -3.5 $^o/oo$ der Fall. Es ist zu beachten, daß in der angenommenen Nullinie z_o^* wohl die Sekundärdehnungen, nicht aber die resultierenden Dehnungen Null sind.

Die Lage der resultierenden Nullinie $z_{b,o}$ des Betons ergibt sich aus ε_R = o zu

$$z_{b,o} = -\frac{-o.oo35oo}{44.16 \cdot 1o^{-6}} = 79.25 \text{ cm} \qquad \text{(Abb. III.3o c)}$$

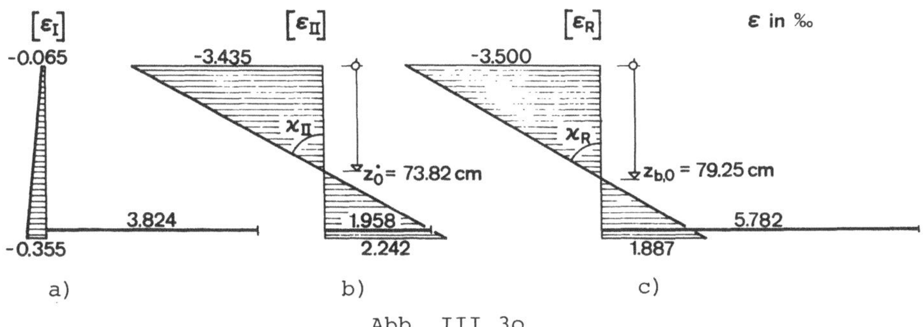

Abb. III.3o

Der Betonquerschnitt wird nachfolgend entsprechend Abb. III.31 unterteilt, wobei die beiden Stege (2) als ein Querschnittsteil betrachtet werden. Es können aber auch andere Unterteilungen angenommen werden.

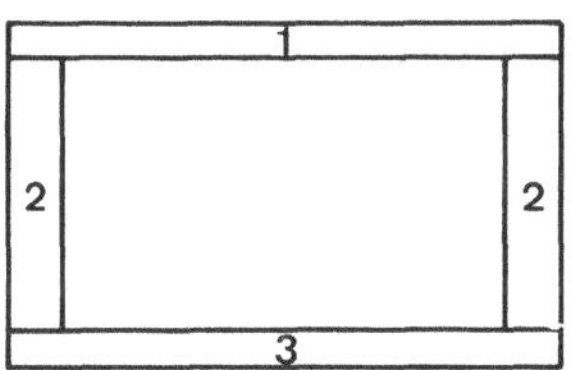

Abb. III.31

Beton:

$$z_{3.5} = o \longrightarrow \bar{z} = z, \quad \bar{z}_o = z_{b,o} \qquad \text{nach (III.15)}$$

Teil 1:

$$\bar{z}_v = o.o \longrightarrow \zeta_{v,o} = \infty$$

$$\bar{z}_w = 12.2 \longrightarrow \zeta_{w,o} = \frac{79.25}{12.2} = 6.496$$

$$u = v = w = 2oo.o \text{ cm} \longrightarrow p_v = p_w = 1.o \quad \text{(Rechteck)}$$

$$I_{v,b}(\infty, 1.o) = I_{v,b}(6.496, 1.o) = 1.oo$$
$$I_{S,b}(\infty, 1.o) = I_{S,b}(6.496, 1.o) = o.5o \qquad \text{Abb. III.11 u. 12}$$

Mit (II.16) und (III.21) erhält man:

$$\Delta N_{b;1} = -o.21o \cdot \left[12.2 \cdot 2oo.o \cdot 1.o - o\right] = -512.4o \text{ Mp}$$

$$\Delta M_{b,o;1} = -o.21o \cdot \left[12.2^2 \cdot 2oo.o \cdot o.5 - o\right] = -3125.64 \text{ Mpcm}$$

Teil 2:

$$\bar{z}_v = 12.2 \longrightarrow \zeta_{v,o} = 6.496$$

$$\bar{z}_w = 1o9.8 \longrightarrow \zeta_{w,o} = o.722$$

$$p_v = p_w = 1.o$$

$$I_{V,b}(6.496,1.o) = 1.o; \qquad I_{V,b}(o.722,1.o) = o.584$$

$$I_{S,b}(6.496,1.o) = o.5; \qquad I_{S,b}(o.722,1.o) = o.175$$

$$\Delta N_{b;2} = -o.21o \cdot \left[1o9.8 \cdot 4o.o \cdot o.584 - 12.2 \cdot 4o.o \cdot 1.o\right] =$$
$$= -436.15 \text{ Mp}$$

$$\Delta M_{b,o;2} = -o.21o \cdot \left[1o9.8^2 \cdot 4o.o \cdot o.175 - 12.2^2 \cdot 4o.o \cdot o.5\right] =$$
$$= -17\,o97.25 \text{ Mpcm}$$

Teil 3 liegt zur Gänze im Zugbereich.

Mit (III.27) ergibt sich für den gesamten Betonquerschnitt:

$$N_b = -512.4o - 436.15 = -948.55 \text{ Mp}$$

$$M_b = -3125.64 - 17o97.25 - (-948.55) \cdot 63.86 =$$
$$= 4o\,351.51 \text{ Mpcm} = +4o3.52 \text{ Mpm}$$

<u>Spannstahl:</u>

$$\varepsilon_R = 5.782 \; {}^o/oo$$

$$E_z \varepsilon_R = 2o5o \cdot o.oo5782 = 11.853 \text{ Mp/cm}^2 < 12.5oo$$

$$\sigma_z = 11.853 \text{ Mp/cm}^2$$

$$N_z = 8o.o \cdot 11.853 = 948.25 \text{ Mp}$$

$$M_z = 948.25 \cdot (115.9o - 63.86) = 49\,346.93 \text{ Mpcm} = 493.47 \text{ Mpm}$$

Diese Berechnungen erfolgen nach (III.4o) und (III.41).

Insgesamt ergibt sich nach (III.13) für den Zeitpunkt $t = o$:

$$N_{u,o} = -948.55 + 948.25 = -o.3o \text{ Mp} \approx o$$

$$M_{u,o} = +4o3.52 + 493.47 = +896.99 \text{ Mpm}$$

<u>b) $t = \infty$</u> ; $z_o^* = 68.5o$ cm

<u>Dehnungsbild:</u>

Abb. III.32 a zeigt die Primärdehnungen ε_I infolge Vorspannung,
ständiger Last mit Berücksichtigung von Kriechen und Schwinden.
Dazu sind die Sekundärdehnungen ε_{II} zu superponieren (Abb.
III.32 b), und es ergeben sich die resultierenden Dehnungen ε_R
(Abb. III.32 c). Zu beachten ist dabei, daß die Primärdehnungen
des Betons auch für $t = \infty$ direkt aus den Spannungen nach
$\varepsilon_b = \sigma_b/E_b$ zu berechnen sind, also nicht die geometrischen Dehnungen darstellen.

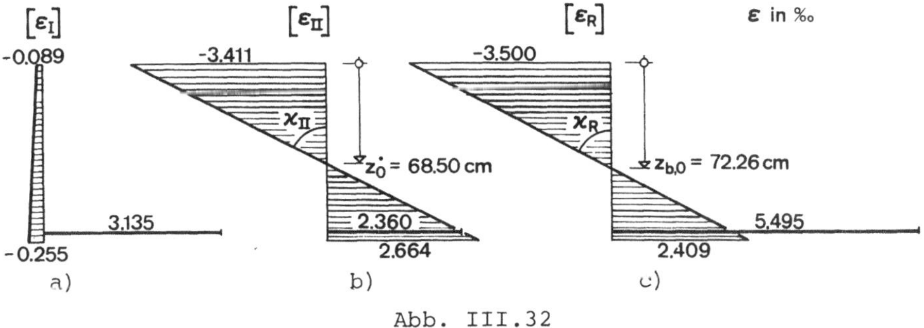

Abb. III.32

Daraus ergeben sich in gleicher Weise wie unter a) die Anteile
von Beton und Spannstahl und schließlich die gesamte Grenztragfähigkeit.

$$N_b = -9o1.51 \text{ Mp} \qquad N_z = +9o1.2o \text{ Mp}$$
$$M_b = +4o2.84 \text{ Mpm} \qquad M_z = +468.98 \text{ Mpm}$$

$$N_{u,\infty} = -o.31 \text{ Mp}$$
$$M_{u,\infty} = +871.82 \text{ Mpm}$$

III.B Verformungen von statisch bestimmten Systemen

III.B.1 Verformungen eines Querschnitts

Abschnitt III.A zeigt die Ermittlung der Grenztragfähigkeit $\{N_u, M_u\}$ eines Querschnitts. Das dabei auftretende Dehnungsbild erfüllt zwei Bedingungen:

a) Die resultierenden Dehnungen ε_R sind betragsmäßig kleiner oder gleich vorgegebenen Schranken ε_u, wobei die Gleichheit in wenigstens einer Faser des Querschnitts gegeben sein muß (Abschnitt III.A.3).

b) Den resultierenden Dehnungen ε_R entsprechen Schnittbelastungen N_u und M_u, wobei das Verhältnis $(N_u-N_{I,o})/(M_u-M_{I,o})$ dem aus dem Gebrauchslastenzustand gegebenen Wert ψ_o gleich sein muß (Abschnitt III.A.9).

Mit dem Dehnungsbild ε_R liegen die Verformungen des Querschnitts im Zustand der Grenztragfähigkeit in sehr guter Näherung, mit $\varepsilon_{R,geom} = \varepsilon_{I,geom} + \varepsilon_{II}$ (vgl. Abb. III.1) genau fest.

In diesem Abschnitt wird die Zunahme dieser Verformungen beim Aufbringen der Sekundärbelastung in kleinen Stufen untersucht. Die dabei auftretenden Dehnungsbilder erfüllen jeweils nur die zweite Bedingung b, erst bei dem Aufbringen der letzten Laststufe wird auch die Bedingung a erfüllt. Auf diese Weise ergeben sich Belastungs-Verformungs-Diagramme. Dabei muß für jede Laststufe die Nullinie von neuem iterativ gesucht werden, jeweils bis das Belastungsverhältnis ψ_o erreicht ist.

Wenn nicht infolge des plötzlichen Auftretens von Rissen in Betonteilen andere Verhältnisse vorliegen, zeigen Belastungs-Verformungs-Diagramme im allgemeinen folgendes Bild:
Am Beginn ist ein nahezu lineares Ansteigen der Belastung mit der eingeprägten Verformung zu beachten, wobei der Anstieg durch die entsprechende Steifigkeit des Querschnitts gegeben ist. Im allgemeinen vernachlässigbar kleine Abweichungen vom geradlinigen Verlauf resultieren aus der gekrümmten Arbeitslinie des Betons. Nach Beginn des Fließens im Stahl verflacht sich der Anstieg der Belastungs-Verformungs-Kurve zusehends. Mit dem Er-

reichen einer Dehnungsschranke ε_u in irgendeiner Querschnitts-
faser gelangt man an den Zustand der Grenztragfähigkeit und damit an den Endpunkt der Kurve (Abb. III.33). Bei voller Plastizierung werden die Verformungen unendlich groß, und die Grenztragfähigkeit wird asymptotisch erreicht (Abb. III.34).

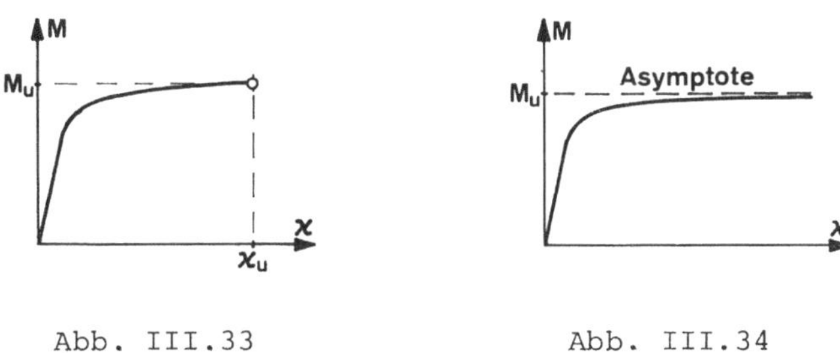

Abb. III.33   Abb. III.34

Infolge der gekrümmten und nur im Druckbereich vorhandenen
Arbeitslinie des Betons und infolge der Plastizierung im Stahl
erzeugen im allgemeinen auch zentrische Normalkräfte Krümmungen
und reine Biegebeanspruchungen Dehnungen der ideellen Stabachse
von Verbundquerschnitten.

Für einen homogenen Querschnitt ergeben sich unter reiner Längs-
kraftbeanspruchung nur Dehnungen: Als wichtigen Sonderfall erhält man eine mit der Querschnittsfläche verzerrte Arbeitslinie.

Im folgenden Zahlenbeispiel wird die Ermittlung eines Momenten-
Krümmungs-Diagramms gezeigt.

Beispiel 8: Momenten-Krümmungs-Diagramm
           für positives Moment

Für den Querschnitt nach Abb. III.35 werden folgende Annahmen
getroffen:

Stahl: St 37

$\qquad \beta_s = 2.4o \ Mp/cm^2 \qquad\qquad z_s = 3o1.54 \ cm$

$\qquad F_s = 1176.oo \ cm^2 \qquad\qquad J_s = 23\,855\,232 \ cm^4$

Beton: Bn 35o

$\qquad \beta_b = -o.21 \ Mp/cm^2$

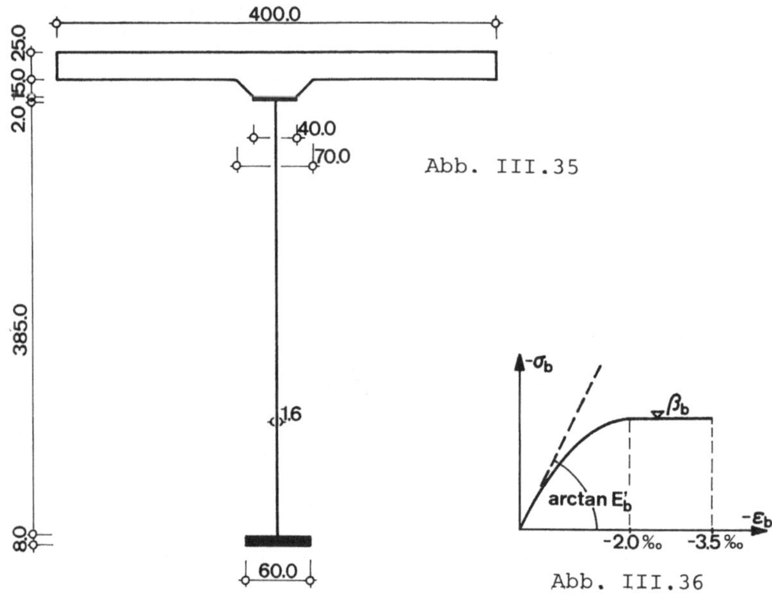

Es wird die Arbeitslinie nach Abb. III.36 zugrunde gelegt. Die
elastische Rechnung für den Bereich vor der Plastizierung des
Stahlträgers erfolgt entgegen der Norm mit einem fiktiven
Elastizitätsmodul E'_b = 21o Mp/cm^2 (anstatt E_b = 34o Mp/cm^2),
der dem Ursprungsmodul der Arbeitslinie nach Abb. III.36 entspricht. Damit ist eine direkte Abschätzung des Einflusses der
Krümmung der Arbeitslinie auf das Momenten-Krümmungs-Diagramm
möglich.

$$z'_b = 13.97 \text{ cm}; \quad F'_{br} = 1082.5o \text{ cm}^2; \quad J'_{br} = 82\,o34 \text{ cm}^4$$
$$z'_i = 163.71 \text{ cm}; \quad F'_i = 2258.5o \text{ cm}^2; \quad J'_i = 7o\,549\,942 \text{ cm}^4$$

Die stufenweise Laststeigerung erfolgt in der elektronischen
Berechnung entsprechend Abschnitt III.A durch Vorgabe anwachsender Werte ε_u der Dehnungsbeschränkungen für die Unterkante
des Stahlträgers. Damit ergibt sich der in Abb. III.37 und in
der zugehörigen Tabelle festgehaltene Zusammenhang zwischen
Krümmung und Moment.

Nr	z_o [cm]	$\varkappa$ [cm^{-1}]	M [Mpm]
o		o.o	o.o
1	167.73	$1.426\cdot1o^{-6}$	2o7o.8
2	172.46	$2.9o2\cdot1o^{-6}$	4118.4
3	178.11	$4.449\cdot1o^{-6}$	6134.1
4	142.o2	$7.8o3\cdot1o^{-6}$	7157.6
5	1o2.3o	$15.o29\cdot1o^{-6}$	7686.9
6	76.24	$27.874\cdot1o^{-6}$	7887.1
7	67.35	$4o.8oo\cdot1o^{-6}$	793o.3
8	64.25	$53.945\cdot1o^{-6}$	7941.9
9	64.2o	$54.517\cdot1o^{-6}$	7942.1

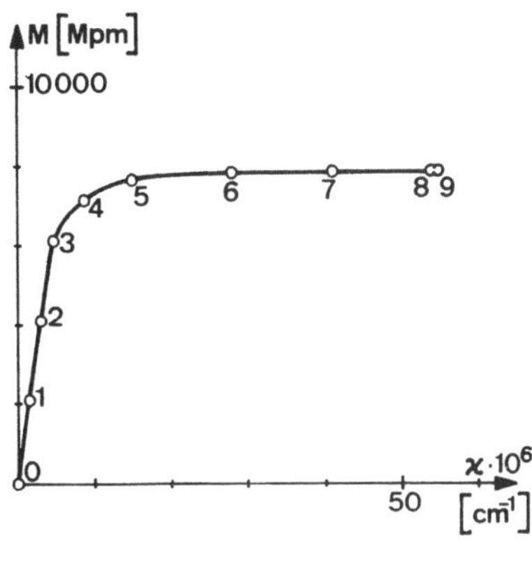

Abb. III.37

Bei Verwendung der Betonarbeitslinie nach Abb. III.36 tritt das
erste Fließen im Stahlträger bei M_F = 6134 Mpm ein, nach rein
elastischer Berechnung mit E_b' bei M_F' = 6241 Mpm > M_F. Die zuge-
hörige Krümmung ist $\varkappa_F$ = $4.449\cdot1o^{-6}$ bzw. $\varkappa_F'$ = $4.212\cdot1o^{-6}$ cm^{-1}.

Für die Berechnung der Grenztragfähigkeit ist kein Primärzustand
zu berücksichtigen; folgende Dehnungsbeschränkungen sind gegeben:

Beton	-3.5 $^o/_{oo}$	/ + ∞
Stahlträger	- ∞	/ + ∞
Kontaktfaser zwischen Beton und Stahl	- ∞	/ +5.o $^o/_{oo}$

Damit ergibt sich

$$M_u = 7942 \text{ Mpm}$$

bei

$$z_o^* = 64.2o \text{ cm}; \quad \varkappa_u = 54.517\cdot1o^{-6} \text{ cm}^{-1}$$

Aus dem Vergleich von M_F und M_F' erkennt man das Zurückbleiben
der Momente bei Verwendung einer gekrümmten Arbeitslinie gegenüber einer linearen. Die Größe der Abweichung ist aber so gering,
daß für Stahlträgerverbundquerschnitte bis zum Eintreten des
Stahlfließens ohne weiteres ein linearer Verlauf des Momenten-
Krümmungs-Diagrammes angenommen werden darf.

III.B.2 Verformungen von Systemen

Für gegebene Querschnitte können Belastungs-Verformungs-Diagramme nach Abschnitt III.B.1 ermittelt werden. Man erhält z.B.
Momenten-Krümmungs-Diagramme

$$M = M(\varkappa), \tag{III.57}$$

die jeder Krümmung in umkehrbar eindeutiger Weise ein Moment
zuordnen (Abb. III.33). Der Fall der vollen Plastizierung nach
Abb. III.34 ist dabei im allgemeinen auszuschließen.

Da bei statisch bestimmten Systemen der Momentenverlauf $M(x)$
lediglich durch die Gleichgewichtsbedingungen festgelegt ist
(z.B. Abb. III.38 b), ist auch der zugehörige Krümmungsverlauf
$\varkappa(x)$ mit (III.57) gegeben (z.B. Abb. III.38 c).

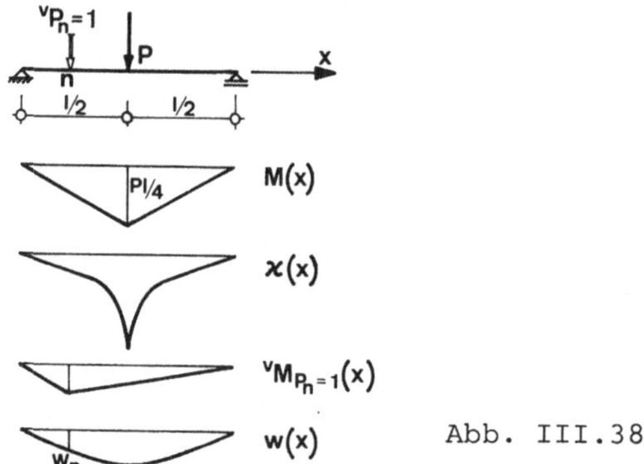

Abb. III.38

Die Verformung an einer bestimmten Stelle n ergibt sich nach
dem Prinzip der virtuellen Arbeit zu

$$w_n = \int_0^l \varkappa(x)\, M_{P_n=1}(x)\, dx \tag{III.58}$$

Beispiel 9: Durchbiegung eines Balkens in der Mitte

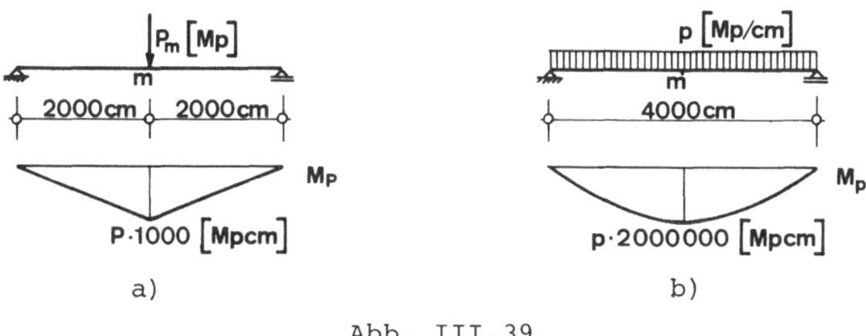

Abb. III.39

Das statische System ist in Abb. III.39 a,b dargestellt.

Für den Querschnitt nach Abb. III.35 wurde im Zahlenbeispiel 8 das Momenten-Krümmungs-Diagramm ermittelt (Abb. III.37 mit Tabelle). Für die beiden Lastfälle

    a) Einzellast P_m in Feldmitte
    b) Gleichlast p, konstant im gesamten Feld

erfolgt die Berechnung der Durchbiegung w_m in Balkenmitte jeweils für 4 Laststufen. Der ersten Laststufe entspricht das Erreichen der Fließgrenze an der Unterkante des Stahlträgers, der vierten Laststufe das Auftreten des Momentes M_u im Mittelquerschnitt. Für die numerische Rechnung wird das Momenten-Krümmungs-Diagramm (Abb. III.37) durch den Sehnenzug o-3-4-6-9 ersetzt. Dadurch kann das Integral nach (III.58) näherungsweise mit der Trapezregel berechnet werden.

Alle Kräfte sind in [Mp], alle Längen in [cm] angegeben.

a) Einzellast P

__1. Laststufe:__ P = 613.41 Mp   (Abb. III.4o a)

$$\frac{w_m}{2} = \frac{2ooo}{3} \cdot 1ooo \cdot 4.449 \cdot 1o^{-6} = 2.966 \text{ cm}$$

$$w_m = 5.932 \text{ cm}$$

__2. Laststufe:__ P = 715.76 Mp   (Abb. III.4o b)

$$\frac{w_m}{2} = \frac{1714}{3} \cdot 857 \cdot 4.449 \cdot 1o^{-6} +$$

$$+ \frac{286}{6} \cdot \left[857 \cdot (2 \cdot 4.449 + 7.8o3) + 1ooo \cdot (4.449 + 2 \cdot 7.8o3) \right] \cdot 1o^{-6} =$$

$$= 3.817 \text{ cm}$$

$$w_m = 7.634 \text{ cm}$$

__3. Laststufe:__ P = 788.71 Mp   (Abb. III.4o c)

$$\frac{w_m}{2} = \frac{1555}{3} \cdot 777 \cdot 4.449 \cdot 1o^{-6} +$$

$$+ \frac{26o}{6} \cdot \left[777 \cdot (2 \cdot 4.449 + 7.8o3) + 9o7 \cdot (4.449 + 2 \cdot 7.8o3) \right] \cdot 1o^{-6} +$$

$$+ \frac{185}{6} \cdot \left[9o7 \cdot (2 \cdot 7.8o3 + 27.874) + 1ooo \cdot (7.8o3 + 2 \cdot 27.874) \right] \cdot 1o^{-6} =$$

$$= 1.792 + 1.351 + 3.175 = 6.318 \text{ cm}$$

$$w_m = 12.636 \text{ cm}$$

__4. Laststufe:__ P = P_u = 794.21 Mp   (Abb. III.4o d)

$$\frac{w_m}{2} = \frac{1545}{3} \cdot 772 \cdot 4.449 \cdot 1o^{-6} +$$

$$+ \frac{257}{6} \cdot \left[772 \cdot (2 \cdot 4.449 + 7.8o3) + 9o1 \cdot (4.449 + 2 \cdot 7.8o3) \right] \cdot 1o^{-6} +$$

$$+ \frac{184}{6} \cdot \left[9o1 \cdot (2 \cdot 7.8o3 + 27.874) + 993 \cdot (7.8o3 + 2 \cdot 27.874) \right] \cdot 1o^{-6} +$$

$$+ \frac{14}{6} \cdot \left[993 \cdot (2 \cdot 27.874 + 54.517) + 1ooo \cdot (27.874 + 2 \cdot 54.517) \right] \cdot 1o^{-6} =$$

$$= 1.769 + 1.326 + 3.137 + o.575 = 6.8o7 \text{ cm}$$

$$w_m = 13.613 \text{ cm}$$

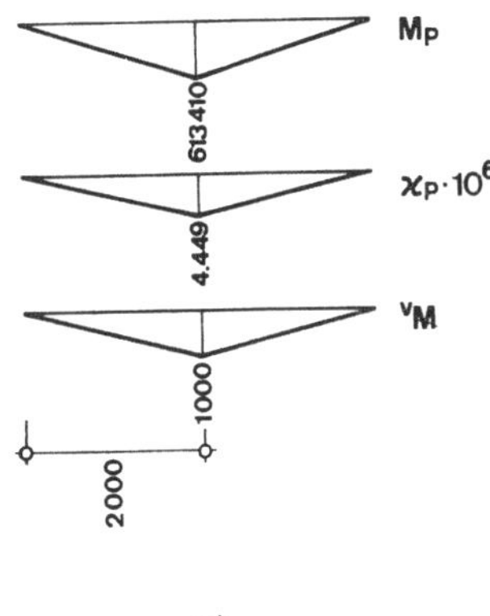

a)

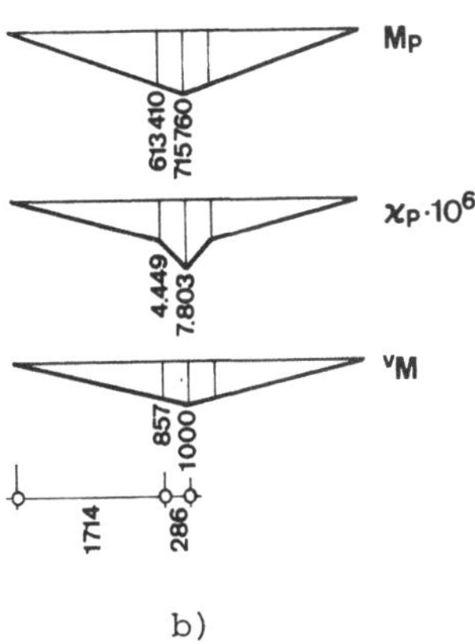

b)

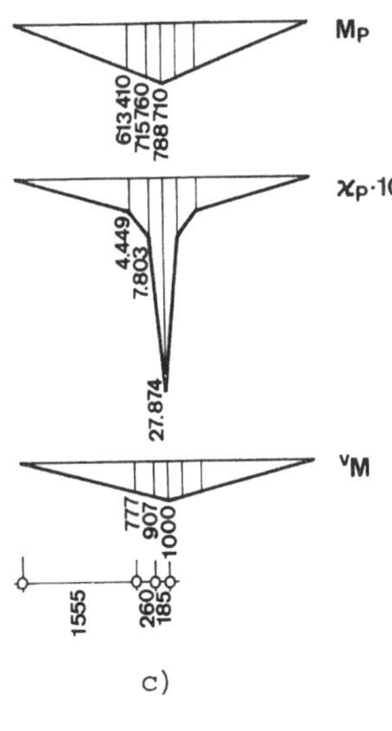

c)

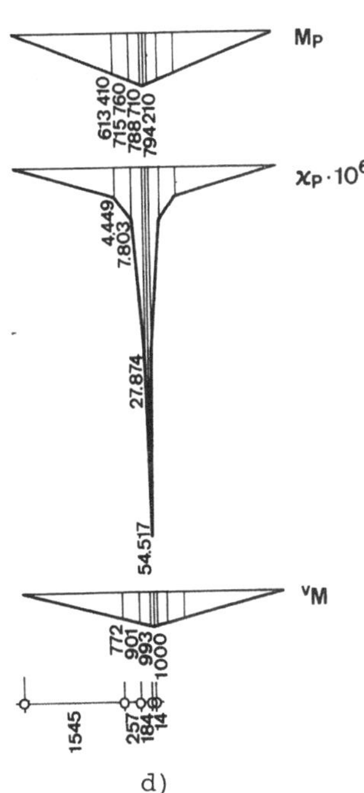

d)

Abb. III.4o

Last-Durchbiegungs-Diagramm für Einzellast:

Mit den obigen Werten ergibt sich Abb. III.41.

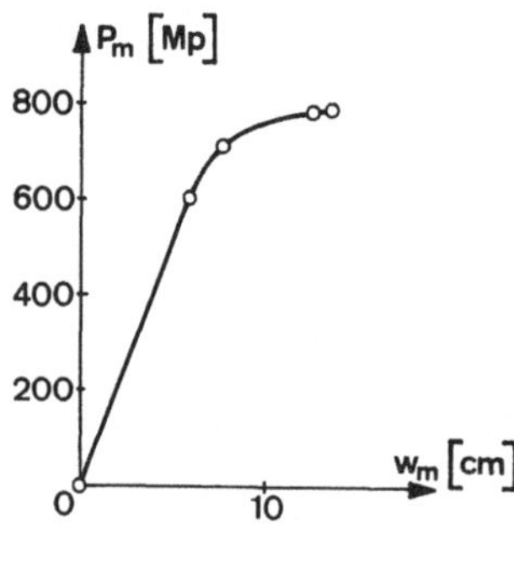

Abb. III.41

b) Gleichlast p

1. Laststufe: p = o.3067 Mp/cm; w_m = 7.415 cm (Abb. III.42 a)
2. Laststufe: p = o.3579 Mp/cm; w_m = 1o.378 cm (Abb. III.42 b)

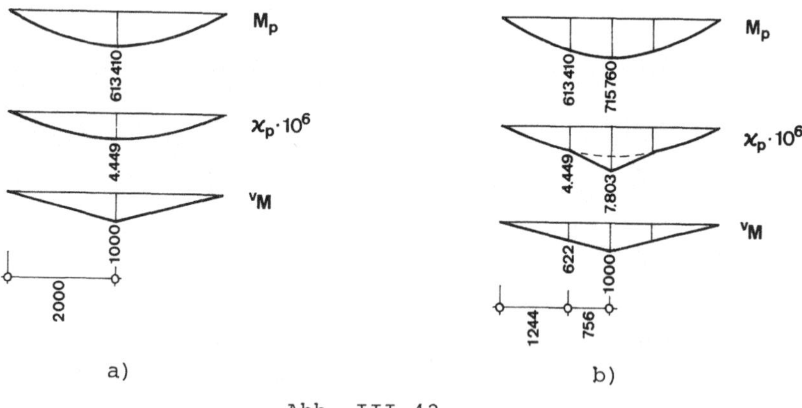

Abb. III.42

3. Laststufe: p = o.3944 Mp/cm; w_m = 23.465 cm (Abb. III.42 c)

4. Laststufe: p = o.3971 Mp/cm; w_m = 3o.961 cm (Abb. III.42 d)

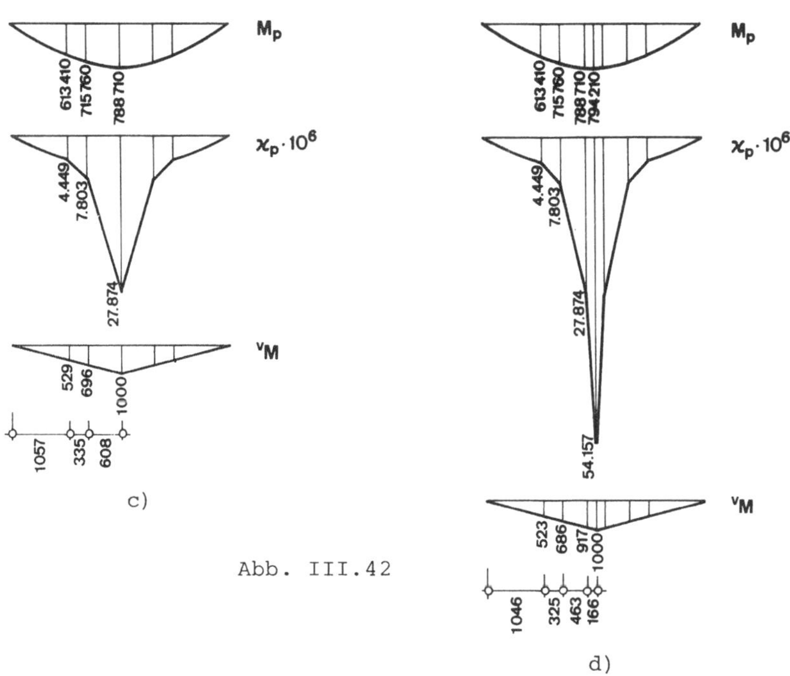

Abb. III.42

Last-Durchbiegungs-Diagramm für Gleichlast:

Mit den obigen Werten ergibt sich Abb. III.43.

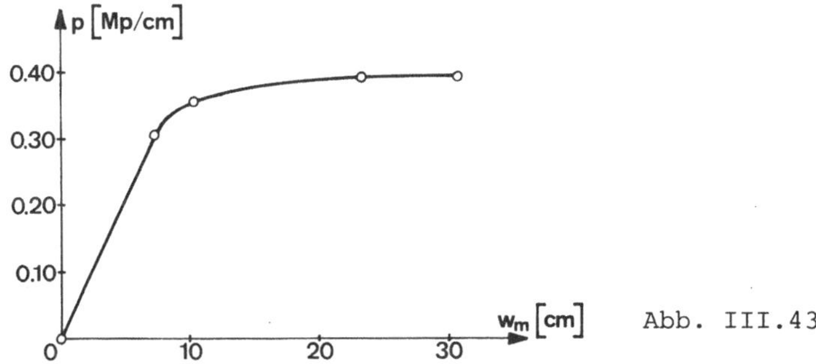

Abb. III.43

Wegen des parabolischen Verlaufs der Momente plastiziert ein größerer Bereich des Trägers. Daher treten bei Belastung mit Gleichlast weitaus größere Durchbiegungen auf als unter einer Einzellast.

III.C Statisch unbestimmte Systeme

Einer genauen Traglastberechnung statisch unbestimmt gelagerter
Systeme stellen sich große Schwierigkeiten entgegen. Diese sind
im wesentlichen darin begründet, daß jede plastische Verformung
eines Querschnittes das im elastischen Bereich gültige Superpositionsgesetz zur Berechnung der statisch unbestimmten Größen
außer Kraft setzt. Eine genaue Berechnung könnte daher für jede
Belastung und jede Laststufe mit großem Rechenaufwand iterativ
erfolgen.

Bezüglich der vielen Probleme, die beim Traglastverfahren mit
Fließgelenken auftreten, sei auf [3] verwiesen. Besondere Beachtung muß dabei den Stabilitätsfragen geschenkt werden.

In der Praxis wird derzeit bei veränderlicher Belastung (z.B.
Brücken) ein einfach gangbarer Weg darin gesehen, daß man die
maximalen und minimalen Schnittbelastungskurven mit dem Sicher-
heitsfaktor ν_F vervielfacht. Die dabei sich ergebenden Schnittbelastungen werden der Grenztragfähigkeit der Einzelquerschnitte
gegenübergestellt. Nach dem statischen Satz der Plastizitäts-
theorie ist damit die Sicherheit der Konstruktion gewährleistet.
Die wirtschaftlichen Nachteile durch das nicht volle Ausnützen
aller Querschnitte für einzelne Belastungsfälle werden dabei in
Kauf genommen.

Die Berechnung der Verformungen für einzelne Belastungsfälle
kann nur über eine genaue Berechnung und schrittweise erfolgen,
wobei die Schnittbelastungs-Verformungsbeziehungen zu berücksichtigen sind.

III.D Bemessung auf Traglast

Im Bereich des Stahlbetons hat sich die n-freie Bemessung, also
das Traglastverfahren weitestgehend durchgesetzt. Es wird in
der einschlägigen Literatur [1] ausführlich behandelt.

Im Spannbetonbau erfolgt die Bemessung üblicherweise für die
Gebrauchslasten (siehe Abschnitt II.D), und anschließend erfolgt
der Traglastnachweis.

In ähnlicher Weise kann bei Stahlträgerverbundkonstruktionen
vorgegangen werden.

$$\text{IV. VERGLEICH ZWISCHEN}$$
$$\underline{\text{TRAGLAST- UND GEBRAUCHSLASTBERECHNUNG,}}$$
$$\underline{\text{ERKENNTNISSE AUS DER TRAGLASTBERECHNUNG}}$$

Den nachfolgenden Untersuchungen wird für Stahlträgerverbund-
konstruktionen ein Sicherheitskoeffizient gegen Erreichen der
Traglast $\nu_F = 1.7$ zugrunde gelegt, für Spannbeton sowohl der
Wert $\nu_F = 1.75$ nach DIN 4227 als auch zum Vergleich der Wert
$\nu_F = 1.7$.

Bei den Stahlträgerverbundkonstruktionen werden positive und
negative Momentenbereiche getrennt behandelt, da in letzteren
der Stabilität (der Untergurte) besondere Beachtung geschenkt
werden muß.

Die Spannungsberechnung für Gebrauchslastenzustände einschließlich Kriechen und Schwinden und die Traglastberechnung erfolgen
nach den Kapiteln II und III, sodaß nachfolgend nur die Ergebnisse der Zahlenrechnung angegeben werden.

Im allgemeinen wird mit der Kriechzahl φ gerechnet. Wird die
verzögerte Elastizität berücksichtigt, ist statt φ die Größe $\dot{\varphi}$
einzuführen.

Für die zulässigen Spannungen bei Stahlträgerverbundkonstruktionen wird [12] bzw. DIN 4114, Blatt 1, beachtet.

Bei der Berechnung der Spannungen für $M_u/1.7$ werden die Verhältnisse $M_p : M_g = 100:0$, $50:50$ und $0:100$ angegeben, wobei der Wert
$50:50$ praxisnah ist, während die anderen Werte theoretisches
Interesse zu Vergleichszwecken haben. Zwischen diesen Grenzen
kann für jedes Verhältnis $M_p : M_g$ linear interpoliert werden.

IV.A   Stahlträgerverbundquerschnitte

Im Bereich positiver Momente liegt die Betonplatte im Druckbereich, der Stahlträger größtenteils im Zugbereich. Der Obergurt
des Stahlträgers, der im allgemeinen mit Druckspannungen belastet ist, ist durch die angrenzende Betonplatte gegen seitliches Ausweichen gehalten, sodaß der Schlankheitsgrad $\lambda \approx 0$
angenommen werden darf.

Im Gegensatz dazu muß im Bereich negativer Momente die Betonplatte durch Vorspannmaßnahmen gegen ein Aufreißen im Gebrauchslastenzustand gesichert werden, der gedrückte Stahlträgerunter-
gurt ist im allgemeinen nur punktweise gegen seitliches Ausweichen gehalten, weshalb mit $\lambda > 0$ auch seine Stabilität zu beachten ist.

Aus diesem Grund werden nachfolgend die beiden Belastungsfälle
positiver und negativer Momente in zwei getrennten Abschnitten
IV.A.1 und IV.A.2 behandelt.

IV.A.1   Bereich positiver Momente

In diesem Abschnitt werden Querschnitte betrachtet, die nur aus
einem Stahlträger (St 37) und einer unbewehrten Betonplatte
(Bn 35o) bestehen, welche im Zahlenbeispiel 12 b mit einer
Voute versehen ist. Die Spannungsberechnung erfolgt für eine
Belastung mit $M_u/1.7$ für die Zeitpunkte $t = 0$ und $t = \infty$. Soweit
nicht eine Größe der ständigen Belastung vorgegeben ist, wird
für $t = \infty$ unterschieden, ob die Belastung $M_u/1.7$ zur Gänze
aus ständiger Last, zur Gänze aus Verkehrslast oder aus beiden
Teilen je zur Hälfte besteht. Andere Belastungsverhältnisse
können linear eingeschaltet werden.

<u>Beispiel 1o:</u>

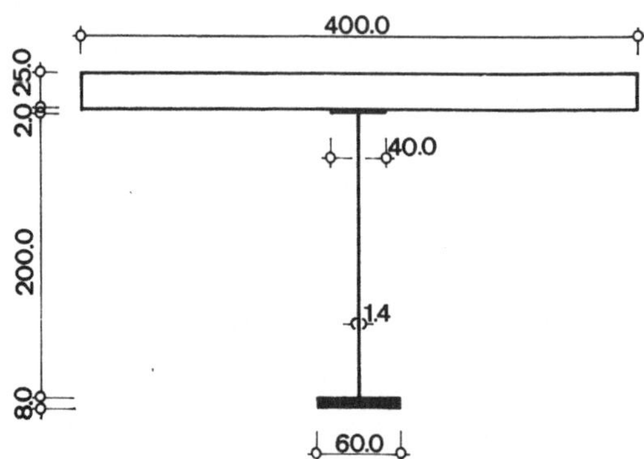

Abb. IV.1

Der Querschnitt ist nach Abb. IV.1 gegeben. Die Betonplatte besteht aus Bn 35o mit β_b = -o.21 Mp/cm^2, der Stahlträger aus St 37 (β_s = 2.4 Mp/cm^2). Das Kriechen wird mit φ_∞ = 2.5, das Schwinden mit $\varepsilon_{s,\infty}$ = 2o · 1o^{-5} berücksichtigt. Das Moment aus ständiger Last beträgt M_g = 1200 Mpm. Das Tragmoment ergibt sich zu M_u = 331o Mpm, sowohl für t = o als auch für t = ∞.

Damit würde sich ein Gebrauchslastmoment von $M_{g+p} = \dfrac{331o}{1.7} = 1945$ ergeben.

$$M_g + M_p = 1200 + 745 = 1945 \text{ Mpm}$$

Für das Gebrauchslastmoment ergeben sich die folgenden Spannungen in Mp/cm^2 für t = o und t = ∞.

	t = o	t = ∞
$\sigma_{b,o}$	-o.1o9	-o.o86
$\sigma_{b,u}$	-o.o69	-o.o62
$\sigma_{s,o}$	-o.426	-1.4o8
$\sigma_{s,u}$	+1.63o	+1.754

Die Spannung $\sigma_{s,u}$ würde in diesem Fall die zulässige Spannung $\sigma_{zul.}$ = 1.6 Mp/cm^2 überschreiten.

Erst bei einem reduzierten Verkehrsmoment von M_p = 57o Mpm bzw. M_{g+p} = 177o Mpm würde $\sigma_{s,u} = \sigma_{zul.}$ eingehalten werden. Das bedeutet, daß im vorliegenden Fall das zulässige Moment aus der Traglastberechnung um rund 1o% höher liegt als das aus der Gebrauchslastberechnung.

Rechnet man mit der verzögerten Elastizität nach DIN 4227 mit $\dot{\varphi}_\infty = \frac{1.8}{1.4} \approx 1.3$ für Kriechen und $\varepsilon_{s,\infty} = 17 \cdot 10^{-5}$ für Schwinden, so erhält man die Randspannung $\sigma_{s,u} = 1.738$ Mp/cm^2. Aus dem Vergleich mit dem oben erhaltenen Wert $\sigma_{s,u} = 1.754$ Mp/cm^2 erkennt man, daß im vorliegenden Fall beide Berechnungsverfahren praktisch zum gleichen Ergebnis führen.

Beispiel 11:

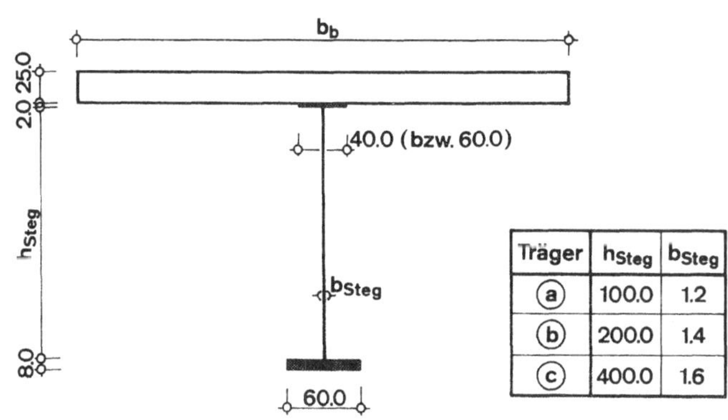

Träger	h_{Steg}	b_{Steg}
ⓐ	100.0	1.2
ⓑ	200.0	1.4
ⓒ	400.0	1.6

Abb. IV.2

Die Querschnitte sind in Abb. IV.2 dargestellt. Bei gleichem Untergurt werden Betonplatte, Stahlträgerobergurt und Steg variiert.

Die Tragmomente sind in Abhängigkeit von der Breite b_b der Betonplatte in Abb. IV.3 graphisch dargestellt, wobei Steghöhe und Breite des Stahlträgerobergurtes als Parameter dienen.

Die Spannungsberechnung erfolgt für alle Querschnitte für die Zeitpunkte $t = o$ und $t = \infty$, wobei einmal $\varphi_\infty = 1.5$, $\varepsilon_{s,\infty} = 1o \cdot 1o^{-5}$, das anderemal $\varphi_\infty = 3.o$, $\varepsilon_{s,\infty} = 2o \cdot 1o^{-5}$ angenommen wurden.

Die Auswirkungen von Schwinden und Kriechen auf die Grenztragfähigkeit liegen in der Größenordnung von Promillen.

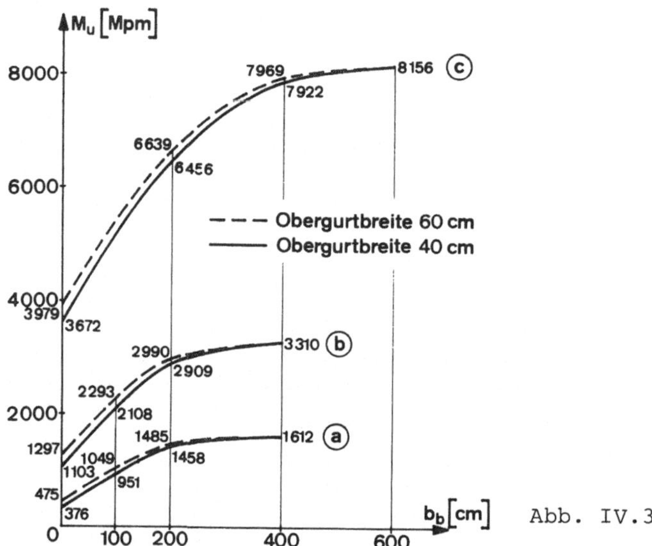

Abb. IV.3

Der Reihe der untersuchten Querschnitte sind nachfolgend je ein
Querschnitt mit Steghöhen von 1 m, 2 m und 4 m und zugehörigen
Plattenbreiten von 2 m, 4 m und 6 m - jeweils in zwei Varianten
mit einem 4o cm bzw. 6o cm breiten Stahlträgerobergurt - entnommen. Für diese Querschnitte werden vergleichsweise die Spannungen für t = o und t = ∞ für M_u/1.7 bei einem Verhältnis 5o:5o
zwischen ständiger Last und Verkehrslast angegeben.

α) Steghöhe = 1 m; Plattenbreite = 2 m

Obergurtbreite 4o cm M_u = 1458 Mpm M_u/1.7 = 858 Mpm				Obergurtbreite 6o cm M_u = 1485 Mpm M_u/1.7 = 874 Mpm		
o.o	1.5	3.o	φ	o.o	1.5	3.o
-o.175	-o.153	-o.139	OK. Beton	-o.174	-o.149	-o.132
-o.098	-o.093	-o.085	UK. Beton	-o.096	-o.089	-o.079
-o.6o2	-1.225	-1.759	OK. Stahl	-o.593	-1.178	-1.658
+1.494	+1.563	-1.621	UK. Stahl	+1.525	+1.595	+1.651

β) Steghöhe = 2 m; Plattenbreite = 4 m

Obergurtbreite 4o cm M_u = 331o Mpm $M_u/1.7$ = 1947 Mpm				Obergurtbreite 6o cm M_u = 331o Mpm $M_u/1.7$ = 1947 Mpm		
o.o	1.5	3.o	φ	o.o	1.5	3.o
-o.1o9	-o.o96	-o.o88	OK. Beton	-o.1o7	-o.o93	-o.o84
-o.o69	-o.o66	-o.o61	UK. Beton	-o.o68	-o.o64	-o.o57
-o.427	-o.93o	-1.374	OK. Stahl	-o.412	-o.9o1	-1.315
+1.63o	+1.693	+1.748	UK. Stahl	+1.631	+1.693	+1.746

γ) Steghöhe = 4 m; Plattenbreite = 6 m

Obergurtbreite 4o cm M_u = 8156 Mpm $M_u/1.7$ = 4798 Mpm				Obergurtbreite 6o cm M_u = 8156 Mpm $M_u/1.7$ = 4798 Mpm		
o.o	1.5	3.o	φ	o.o	1.5	3.o
-o.o91	-o.o8o	-o.o72	OK. Beton	-o.o9o	-o.o78	-o.o69
-o.o7o	-o.o64	-o.o57	UK. Beton	-o.o69	-o.o62	-o.o55
-o.43o	-o.9o3	-1.322	OK. Stahl	-o.424	-o.883	-1.273
+1.745	+1.831	+1.9o5	UK. Stahl	+1.744	+1.829	+1.9oo

δ) Es werden die Spannungen aus $M_u/1.7$ für φ = o.o, φ = 1.5
und φ = 3.o angegeben, wobei die Betonplatte konstant 4 m
breit und der Stahlträgerobergurt 4o cm breit sind. Die Steghöhe variiert von 1 m über 2 m bis 4 m. (Lastverhältnis
$M_p:M_g$ = 5o:5o.)

	φ	o.o	1.5	3.o
Steghöhe 1 m	OK. Beton	-o.113	-o.1oo	-o.o93
	UK. Beton	-o.o44	-o.o48	-o.o46
	OK. Stahl	-o.274	-o.742	-1.17o
	UK. Stahl	+1.6oo	+1.658	+1.7o1
Steghöhe 2 m	OK. Beton	-o.1o9	-o.o96	-o.o88
	UK. Beton	-o.o69	-o.o66	-o.o61
	OK. Stahl	-o.427	-o.93o	-1.374
	UK. Stahl	+1.63o	+1.693	+1.748
Steghöhe 4 m	OK. Beton	-o.123	-o.1o6	-o.o93
	UK. Beton	-o.1oo	-o.o88	-o.o78
	OK. Stahl	-o.618	-1.166	-1.612
	UK. Stahl	+1.731	+1.831	+1.911

Aus den Angaben α) bis δ) erkennt man, daß entweder mit Rücksicht auf die Betonspannungen oder die Stahlspannungen die Traglastberechnung wirtschaftlicher ist, da die zulässigen Beanspruchungen bei $M_u/1.7$ überschritten werden. Man erkennt auch, daß die Traglastberechnung umso wirtschaftlicher wird, je größer Schwind- und Kriechmaße sind. Interessant ist auch der Vergleich nach δ) mit gleicher Betonplattenbreite und Variation der Steghöhe.

Beispiel 12:

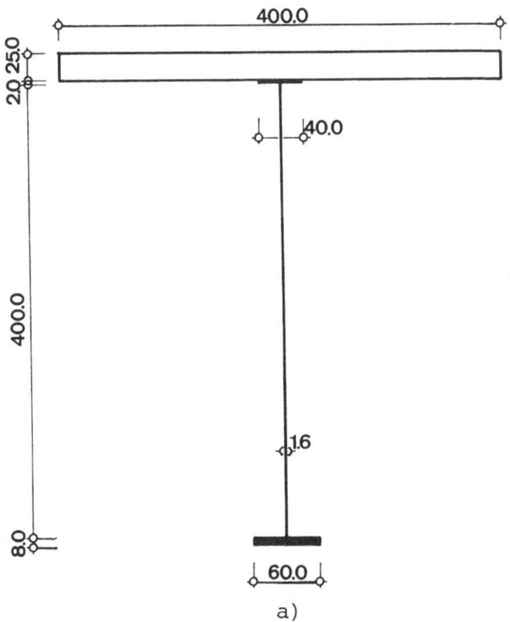

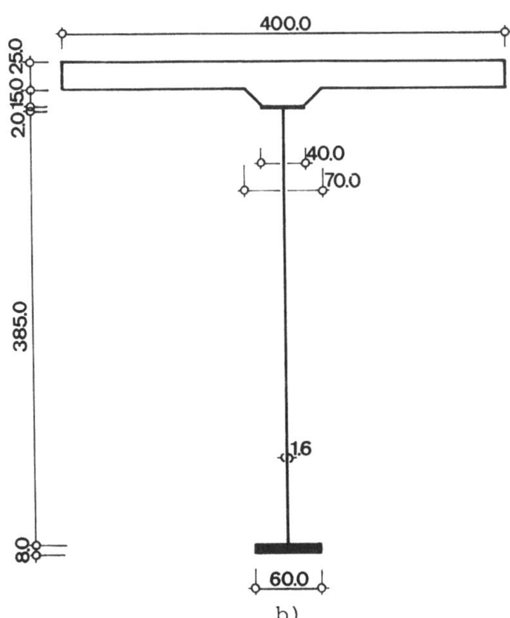

Abb. IV.4

Die Querschnitte sind in Abb. IV.4 a und b dargestellt.

St 37

Bn 35o

$\beta_s = 2.4o \ \text{Mp/cm}^2$

$\beta_b = -o.21 \ \text{Mp/cm}^2$

$\varphi_\infty = 3.o$

$\varepsilon_{s,\infty} = 2o \cdot 1o^{-5}$

Bei gleicher Systemhöhe wird zusätzlich der Einfluß einer Voute untersucht. Aus den folgenden Tabellen sieht man, daß für das Tragmoment der Einfluß der Voute praktisch bedeutungslos ist, wohl aber erkennt man aus den Spannungen an der Oberkante des Stahlträgers, daß es mit Rücksicht auf zulässige Spannungen zweckmäßig sein kann, Vouten anzuordnen. Vouten können auch aus der Beanspruchung der Betonplatte aus der Fahrbahnbelastung erforderlich werden.

Querschnitt nach Abb. IV.4 a

$M_u = 7923$ Mpm; $M_u/1.7 = 4661$ Mpm

	$t = o$	$t = \infty$		
		1oo:o	5o:5o	o:1oo *)
OK. Beton	-o.124	-o.117	-o.094	-o.07o
UK. Beton	-o.1oo	-o.092	-o.078	-o.063
OK. Stahl	-o.618	-o.9o5	-1.612	-2.319
UK. Stahl	+1.732	+1.784	+1.912	+2.o4o

Querschnitt nach Abb. IV.4 b

$M_u = 7942$ Mpm; $M_u/1.7 = 4672$ Mpm

	$t = o$	$t = \infty$		
		1oo:o	5o:5o	o:1oo *)
OK. Beton	-o.119	-o.113	-o.093	-o.072
UK. Beton	-o.082	-o.074	-o.068	-o.061
OK. Stahl	-o.5o8	-o.798	-1.48o	-2.161
UK. Stahl	+1.737	+1.792	+1.922	+2.o52

---

*) Die obigen Quotienten geben für $t = \infty$ das Belastungsverhältnis $M_p : M_g$ zwischen Verkehrslast und ständiger Last an.
In den weiteren Tabellen wird dieses Belastungsverhältnis in der gleichen Weise angegeben.

Für das praxisnahe Verhältnis $M_p : M_g = 5o:5o$ ergibt sich wieder
die Wirtschaftlichkeit der Traglastberechnung, da die Spannungen
für die Momente $M_u/1.7$ verschiedentlich die Werte $\sigma_{zul.}$ überschreiten.

Beispiel 13:

Für Hochbauträger wurden für die Profile IPE 1oo, 2oo, 3oo und
5oo für verschiedene Plattendicken und Plattenbreiten die Werte
M_u der Grenztragfähigkeit ermittelt. Für den IPE 1oo wurde die
Plattenstärke mit 8 cm, für alle übrigen Träger mit 1o cm angenommen.

Material: Beton Bn 35o
          Stahl St 37

Die M_u-Kurven sind in Abhängigkeit von der Plattenbreite und dem
Stahlprofil als Parameter in der Abb. IV.5 eingetragen. Man erkennt daraus, daß (in Abhängigkeit von der Trägerhöhe) die Grenztragfähigkeit von einer gewissen Plattenbreite an nur noch gering-
fügig mit dem Zuwachs der Plattenbreite zunimmt. Für das Belastungsverhältnis $M_p : M_g = 5o:5o$ sind auch in diesem Fall die zulässigen Spannungen $\sigma_{zul.}$ bei Belastung mit $M_u/1.7$ teilweise
überschritten.

Dies bedeutet, daß die Traglastberechnung wirtschaftlichere
Konstruktionen liefert.

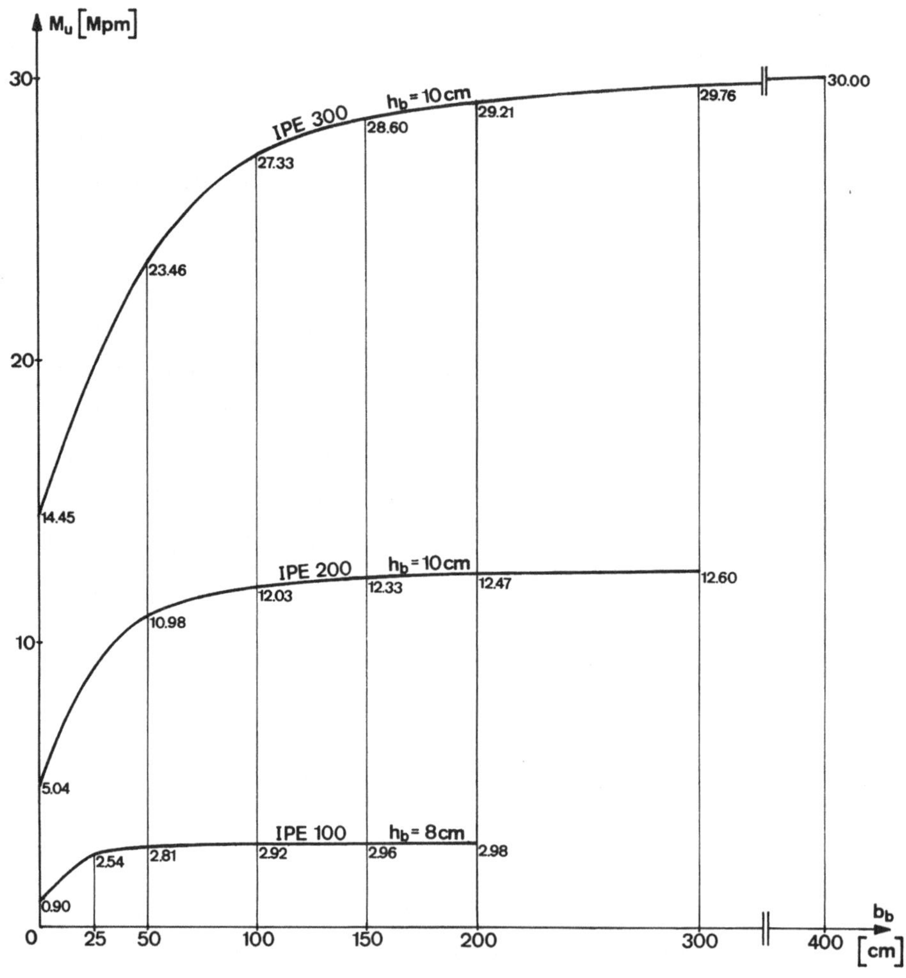

Abb. IV.5

<u>Zusammenfassung zu Abschnitt IV.A.1</u>

In den vorliegenden Beispielen wurden mit $\varphi_\infty = 3.0$ und $\varepsilon_{s,\infty} = 20 \cdot 10^{-5}$ Grenzfälle in bezug auf Kriechen und Schwinden untersucht. Zu Vergleichszwecken wurde zum Teil auch $\varphi_\infty = 1.5$ bzw. $\varphi_\infty = 2.5$ zugrunde gelegt. Die Zahlenbeispiele geben einen Einblick über die Auswirkungen verschiedener Trägerhöhen, Plattenstärken und -breiten.

Als Ergebnis kann festgestellt werden, daß die Spannungen, die nach der Elastizitätstheorie aus M_u/v_F berechnet werden - wobei $v_F = 1.7$ angenommen wird -, im allgemeinen in gewissen Fasern

über den für die Gebrauchslastenberechnung zulässigen Werten
liegen. Somit ermöglicht das Traglastverfahren im Bereich positiver Momente in der Regel wirtschaftlichere Lösungen.

Unter Umständen können die zu $M_u/1.7$ gehörenden Spannungen in
einer Randfaser die Fließgrenze erreichen oder - rechnerisch -
überschreiten. Dann empfiehlt sich eine Verstärkung dieser
Querschnitte. Im Zusammenhang mit Verformungsnachweisen unter
Gebrauchslasten kann eine Kontrolle der Spannungen in einfacher
Weise erfolgen und ist empfehlenswert.

Die Berechnung der Grenztragfähigkeit zeigt, daß für positive
Momentenbereiche die Vordehnungen aus Kriechen und Schwinden bedeutungslos sind, sodaß sie vernachlässigt werden können.

Die Beispiele zeigen weiter, daß es unter Umständen empfehlenswert ist, die Stahlträgerobergurte zu verstärken bzw. Vouten
in der Betonplatte vorzusehen.

IV.A.2 Bereich negativer Momente

In diesem Bereich werden Stahlträgerverbundquerschnitte mit vor-
gespannter Betonplatte betrachtet. Von besonderem Einfluß auf
die Grenztragfähigkeit M_u ist dabei die Schlankheit des Untergurtes, der im Bereich negativer Momente knickgefährdet ist.
Der Berechnung der Grenztragfähigkeit unter Berücksichtigung
von Stabilitätskriterien liegen die Annahmen über reduzierte
Fließspannungen $\beta_s'(\lambda)$ und Grenzdehnungen $\varepsilon_u(\lambda)$ entsprechend Abschnitt I.A.2 zugrunde.

Die Grenztragfähigkeit wird selbst bei kleinen Schlankheitsgraden λ infolge der stark beschränkten Grenzdehnungen des
Untergurtes schon bei geringer Krümmung erreicht. Aus diesem
Grunde wirken sich Primärdehnungen auch stärker aus als bei
Traglastuntersuchungen im positiven Momentenbereich. Die Grenztragfähigkeit wird für die Zeitpunkte $t = o$ und - unter Berücksichtigung von Schwinden und Kriechen - $t = \infty$ berechnet, wobei
$\varphi_\infty = 2.o$ und $\varepsilon_{s,\infty} = 2o \cdot 1o^{-5}$ angenommen werden.

Im Hinblick auf die verschiedenartigen Primärzustände wird unterschieden, ob die Vorspannung vor oder nach der Herstellung des Verbundes erfolgt.

Die Zahlenbeispiele geben sowohl über die Grenztragfähigkeit M_u als auch über die Spannungen aus der Belastung mit $M_u/1.7$ Aufschluß.

Beispiel 14:

In diesem Beispiel wird der Einfluß variierender Vorspannkräfte sowie von Kriechen und Schwinden auf die Grenztragfähigkeit M_u gezeigt. Der Querschnitt, der in Abb. IV.6 dargestellt ist, wird dabei nicht verändert. Es wird nur der Fall Vorspannung nach Verbund betrachtet.

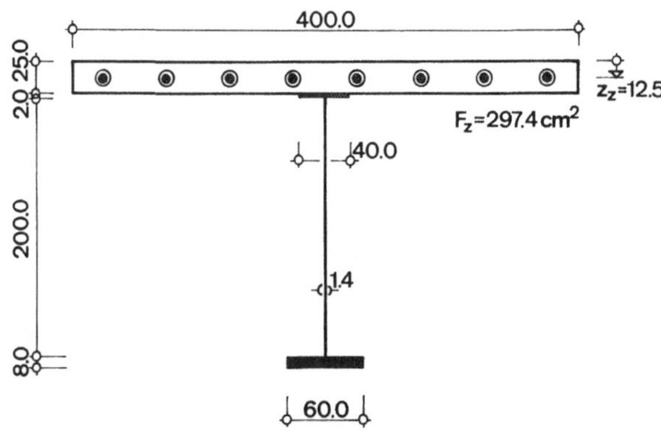

Abb. IV.6

Die Schlankheit des Untergurtes sei für alle Vorspanngrade mit λ = 40 angenommen.

$$
\begin{array}{lll}
V = 0 & M_{u,o} = M_{u,\infty} = -2556.6 \\
V = 675 & M_{u,o} = M_{u,\infty} = -2731.2 \\
V = 1350 & M_{u,o} = -2880.3; \quad M_{u,\infty} = -2887.4 \\
V = 1400 & M_{u,o} = -2886.2; \quad M_{u,\infty} = -2897.8
\end{array}
$$

Die Grenztragfähigkeiten $M_{u,o}$ und $M_{u,\infty}$ zu den Zeitpunkten $t = 0$ und $t = \infty$ unterscheiden sich nicht voneinander, wenn durch das Aufbringen der Grenzlast zu beiden Zeitpunkten der Beton vollständig aufreißt.

Beispiel 15:

Am Zahlenbeispiel 14 entsprechend Abb. IV.6 wird der Einfluß
der Untergurtschlankheit auf die Grenztragfähigkeit M_u und die
zu $M_u/1.7$ sich ergebenden Spannungen gezeigt, wobei die beiden
Fälle

    a) Vorspannung nach Verbund
    b) Vorspannung vor Verbund

einander gegenübergestellt werden. Die Größe der Vorspannkraft
wird mit V = 135o Mp für beide Fälle und alle Schlankheitsgrade
als gleich angenommen. In den Abb. IV.7 und IV.8 sind für die
Zeitpunkte t = o und t = ∞ für beide Fälle die Primärdehnungen
dargestellt.

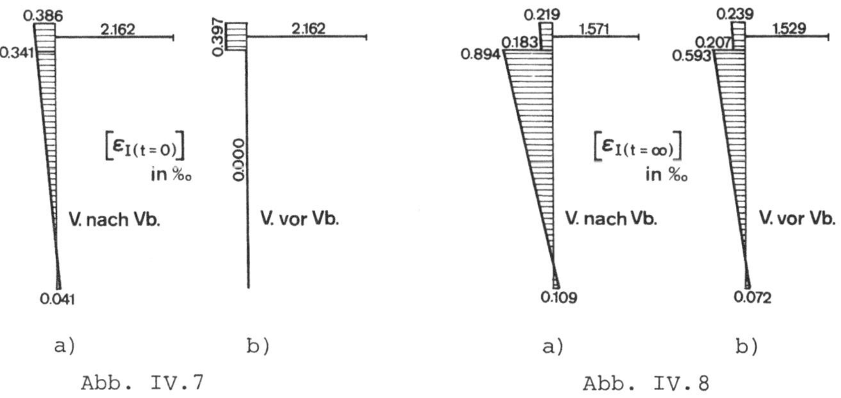

Abb. IV.7   Abb. IV.8

Die Berechnung der Größen M_u erfolgt für die Schlankheitsgrade
λ = o, 2o, 4o, 6o, 8o und 1oo. Die zugehörigen Werte $\beta'_s(\lambda)$ und
$\varepsilon_u(\lambda)$ sind in Abschnitt I.A.2 tabuliert. Die Abb. IV.9 a und b
zeigen die Abhängigkeit der Grenztragfähigkeit $M_u(\lambda)$ und der zugehörigen Krümmungen $\varkappa_u(\lambda)$ vom Schlankheitsgrad λ des Untergurtes.

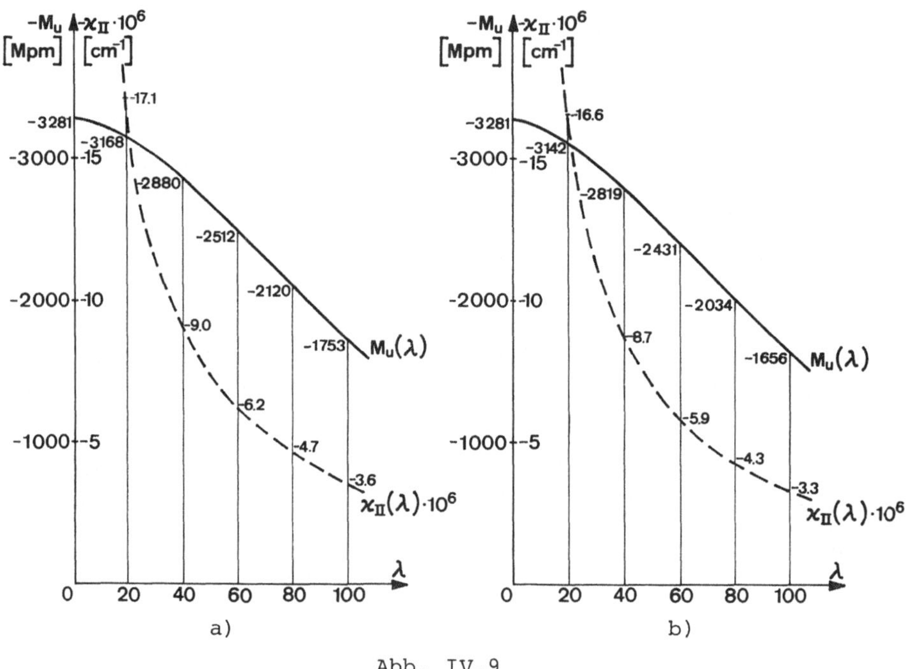

Abb. IV.9

Im Falle a) werden beim Vorspannen in den Stahlträgern Primärdehnungen ε_I eingeprägt (Abb. IV.7 a), die für $\lambda > 0$ eine Erhöhung der Grenztragfähigkeit gegenüber Fall b) (Abb. IV.7 b)
bewirken. Bei $\lambda = 0$ tritt volle Plastizierung ein, bei der der
Einfluß der Primärdehnungen verschwindet. Bezüglich der sich
teilweise ergebenden Unterschiede zwischen $M_{u,o}$ und $M_{u,\infty}$ sei
auf das Zahlenbeispiel 14 verwiesen.

In den nachfolgenden Tabellen sind für die beiden Fälle a) und
b) für die Schlankheitsgrade $\lambda = 0$, 2o, 4o, 6o und 8o die Randspannungen im Beton und Stahlträger sowie die Spannstahlspan-
nungen angegeben, die sich aus der Belastung mit den durch 1.7
dividierten Tragmomenten M_u ergeben. Sie werden einerseits für
$t = 0$, andererseits für $t = \infty$ für die Belastungsverhältnisse
$M_p : M_g$ = 1oo:o, 5o:5o und o:1oo angeführt. Für $M_p : M_g$ = 1oo:o
(nur Verkehrsbelastung) wird der Spannungsberechnung für $t = \infty$
das Moment $M_{u,\infty}/1.7$ zugrunde gelegt, für $M_p : M_g$ = o:1oo (nur
ständige Last) das Moment $M_{u,o}/1.7$. Daraus werden die Spannungen
für den praxisnahen Fall $M_p : M_g$ = 5o:5o durch lineare Interpolation (Mittelwertbildung) berechnet.

Aus dem Vergleich erkennt man, daß Vorspannung nach dem Verbund bei höheren Werten M_u der Grenztragfähigkeit durchwegs geringere Spannungen liefert als Vorspannung vor dem Verbund.

$$\lambda = o$$

Vorspannung nach Verbund

$M_{u,o} = -3281$ Mpm; $M_{u,o}/1.7 = -193o$ Mpm
$M_{u,\infty} = -3281$ Mpm; $M_{u,\infty}/1.7 = -193o$ Mpm

	$t = o$	$t = \infty$		
		1oo:o	5o:5o	o:1oo
OK. Beton	-o.o37	+o.o2o	o.ooo	-o.o2o
UK. Beton	-o.o59	-o.oo5	-o.o11	-o.o18
OK. Stahl	-o.365	-1.527	-1.248	-o.968
UK. Stahl	-1.522	-1.378	-1.415	-1.452
Spannstahl	+5.oo6	+3.767	+4.o65	+4.363

Vorspannung vor Verbund

$M_{u,o} = -3281$ Mpm; $M_{u,o}/1.7 = -193o$ Mpm
$M_{u,\infty} = -3281$ Mpm; $M_{u,\infty}/1.7 = -193o$ Mpm

	$t = o$	$t = \infty$		
		1oo:o	5o:5o	o:1oo
OK. Beton	-o.o41	+o.o13	-o.oo7	-o.o27
UK. Beton	-o.o78	-o.o14	-o.o2o	-o.o26
OK. Stahl	+o.35o	-o.895	-o.616	-o.336
UK. Stahl	-1.6o7	-1.456	-1.493	-1.529
Spannstahl	+5.oo6	+3.678	+3.977	+4.275

$$\underline{\lambda \ = \ 2o}$$

Vorspannung nach Verbund

$M_{u,o}$ = -3168 Mpm; $M_{u,o}/1.7$ = -1863 Mpm
$M_{u,\infty}$ = -3168 Mpm; $M_{u,\infty}/1.7$ = -1863 Mpm

	t = o	t = ∞		
		1oo:o	5o:5o	o:1oo
OK. Beton	-o.o4o	+o.o17	-o.oo2	-o.o22
UK. Beton	-o.o61	-o.oo7	-o.o13	-o.o2o
OK. Stahl	-o.377	-1.539	-1.269	-o.999
UK. Stahl	-1.466	-1.323	-1.359	-1.374
Spannstahl	+4.99o	+3.75o	+4.o38	+4.329

Vorspannung vor Verbund

$M_{u,o}$ = -3142 Mpm; $M_{u,o}/1.7$ = -1848 Mpm
$M_{u,\infty}$ = -3143 Mpm; $M_{u,\infty}/1.7$ = -1849 Mpm

	t = o	t = ∞		
		1oo:o	5o:5o	o:1oo
OK. Beton	-o.o45	+o.oo9	-o.o1o	-o.o29
UK. Beton	-o.o81	-o.o16	-o.o22	-o.o28
OK. Stahl	+o.335	-o.91o	-o.642	-o.374
UK. Stahl	-1.539	-1.388	-1.423	-1.458
Spannstahl	+4.986	+3.658	+3.944	+4.229

$$\underline{\lambda \ = \ 4o}$$

Vorspannung nach Verbund

$M_{u,o}$ = -288o Mpm; $M_{u,o}/1.7$ = -1694 Mpm
$M_{u,\infty}$ = -2887 Mpm; $M_{u,\infty}/1.7$ = -1699 Mpm

	t = o	t = ∞		
		1oo:o	5o:5o	o:1oo
OK. Beton	-o.o48	+o.oo9	-o.oo9	-o.o27
UK. Beton	-o.o66	-o.o12	-o.o17	-o.o23
OK. Stahl	-o.4o8	-1.569	-1.324	-1.o79
UK. Stahl	-1.325	-1.186	-1.216	-1.246
Spannstahl	+4.949	+3.71o	+3.972	+4.233

Vorspannung vor Verbund

$M_{u,o} = -2819$ Mpm; $M_{u,o}/1.7 = -1658$ Mpm
$M_{u,\infty} = -2845$ Mpm; $M_{u,\infty}/1.7 = -1674$ Mpm

	t = o	t = ∞		
		1oo:o	5o:5o	o:1oo
OK. Beton	-o.o54	+o.oo1	-o.o17	-o.o35
UK. Beton	-o.o86	-o.o21	-o.o26	-o.o32
OK. Stahl	+o.3o1	-o.942	-o.7o3	-o.464
UK. Stahl	-1.381	-1.242	-1.267	-1.292
Spannstahl	+4.94o	+3.616	+3.871	+4.125

$$\lambda = 6o$$

Vorspannung nach Verbund

$M_{u,o} = -2512$ Mpm; $M_{u,o}/1.7 = -1478$ Mpm
$M_{u,\infty} = -2555$ Mpm; $M_{u,\infty}/1.7 = -15o3$ Mpm

	t = o	t = ∞		
		1oo:o	5o:5o	o:1oo
OK. Beton	-o.o59	-o.oo1	-o.o17	-o.o33
UK. Beton	-o.o72	-o.o18	-o.o23	-o.o28
OK. Stahl	-o.447	-1.6o7	-1.393	-1.181
UK. Stahl	-1.145	-1.o23	-1.o41	-1.o58
Spannstahl	+4.897	+3.663	+3.889	+4.114

Vorspannung vor Verbund

$M_{u,o} = -2431$ Mpm; $M_{u,o}/1.7 = -143o$ Mpm
$M_{u,\infty} = -25o4$ Mpm; $M_{u,\infty}/1.7 = -1473$ Mpm

	t = o	t = ∞		
		1oo:o	5o:5o	o:1oo
OK. Beton	-o.o65	-o.oo9	-o.o25	-o.o41
UK. Beton	-o.o93	-o.o27	-o.o32	-o.o37
OK. Stahl	+o.259	-o.978	-o.775	-o.571
UK. Stahl	-1.191	-1.o75	-1.o85	-1.o94
Spannstahl	+4.885	+3.567	+3.783	+3.999

$$\underline{\lambda = 80}$$

Vorspannung nach Verbund

$M_{u,o} = -2121$ Mpm; $M_{u,o}/1.7 = -1248$ Mpm
$M_{u,\infty} = -2235$ Mpm; $M_{u,\infty}/1.7 = -1315$ Mpm

	$t = 0$	$t = \infty$		
		1oo:o	5o:5o	o:1oo
OK. Beton	-o.o7o	-o.o1o	-o.o24	-o.o39
UK. Beton	-o.o79	-o.o24	-o.o29	-o.o34
OK. Stahl	-o.489	-1.639	-1.464	-1.289
UK. Stahl	-o.954	-o.866	-o.862	-o.858
Spannstahl	+4.841	+3.618	+3.8o3	+3.987

Vorspannung vor Verbund

$M_{u,o} = -2o34$ Mpm; $M_{u,o}/1.7 = -1197$ Mpm
$M_{u,\infty} = -2148$ Mpm; $M_{u,\infty}/1.7 = -1263$ Mpm

	$t = 0$	$t = \infty$		
		1oo:o	5o:5o	o:1oo
OK. Beton	-o.o76	-o.o19	-o.o33	-o.o47
UK. Beton	-o.1oo	-o.o33	-o.o38	-o.o43
OK. Stahl	+o.217	-1.o16	-o.849	-o.681
UK. Stahl	-o.996	-o.9o1	-o.896	-o.891
Spannstahl	+4.829	+3.516	+3.693	+3.87o

In der folgenden Tabelle werden für $t = \infty$ und $M_p:M_g = 5o:5o$ die mit $\omega(\lambda)$ nach DIN 4114 multiplizierten Untergurtspannungen $\sigma_{s,u}$ angeführt. Man erkennt daraus, daß $\omega\sigma_{s,u}$ praktisch in vielen Fällen - vor allem was Vorspannung nach dem Verbund betrifft - im Bereich $\sigma_{D,zul.} = -1.4oo$ Mp/cm^2 (DIN) liegt.

λ	$\omega(\lambda)$	Vorspannung nach Verbund		Vorspannung vor Verbund	
		$\sigma_{s,u}$	$\omega\sigma_{s,u}$	$\sigma_{s,u}$	$\omega\sigma_{s,u}$
o	1.oo	-1.415	-1.415	-1.493	-1.493
2o	1.o4	-1.359	-1.413	-1.423	-1.48o
4o	1.14	-1.216	-1.386	-1.267	-1.444
6o	1.3o	-1.o41	-1.353	-1.o85	-1.411
8o	1.55	-o.862	-1.336	-o.896	-1.389

Verwendet man für die Traglastberechnung statt der schlankheits-
abhängigen reduzierten bilinearen Arbeitslinien (Abb. I.3) nach
Abschnitt I.A.2 die bis zur Fließgrenze $-\beta_s$ lineare Arbeitslinie
mit der zugehörigen Dehnungsbeschränkung $\varepsilon_u = -\beta_s/E$ des Stahl-
trägeruntergurtes, so ergeben sich rechnerische Grenzlasten, die
unabhängig von der Schlankheit des Untergurtes sind. Diese Werte
können sich stark von jenen unterscheiden, die sich aufgrund der
Berücksichtigung der Schlankheiten nach Abschnitt I.A.2 ergeben.
Für dieses Zahlenbeispiel ergibt sich

    a) Vorspannung nach Verbund $M_u = -2982$ Mpm
    b) Vorspannung vor Verbund $M_u = -2887$ Mpm

Diese Werte sind jedoch gegenstandslos, da der Stabilitätsnachweis maßgebend wird. Bei der in dieser Arbeit vorgeschlagenen
Berechnungsweise ist die Stabilitätsbetrachtung in der Berechnung
der Grenztragfähigkeit enthalten.

Beispiel 16:

Diesem Beispiel liegt der gleiche Querschnitt zugrunde wie den
Beispielen 14 und 15 (Abb. IV.6), jedoch wird nun gleichzeitig
mit der Schlankheit des Untergurtes auch die Vorspannkraft V
und die Spannstahlfläche F_z variiert. Die Vorspannung wird nach
dem Verbund aufgebracht. Wie das Beispiel 15 zeigt, wird für zu-
nehmende Schlankheit die Grenztragfähigkeit M_u kleiner, somit
auch der Wert $M_u/1.7$, der der Spannungsberechnung zugrunde gelegt wird. In der Praxis wird man daher bei größerem Schlankheitsgrad des Untergurtes die Vorspannkraft und damit die Spannstahlfläche entsprechend kleiner wählen.

Die folgende Reihe von Fällen wurde so gewählt, daß unter maximaler Gebrauchslast (Verhältnis $M_p : M_g = 5o:5o$) nach Kriechen und Schwinden die oberen Randspannungen im Beton im Bereich von Null liegen.

Durch die kleinere Spannstahlfläche ergeben sich bei jeweils gleicher Schlankheit des Untergurtes kleinere Grenztragfähigkeiten M_u als im Fall gleichbleibender Vorspannung und Spannstahlfläche (wie im Beispiel 15). Trotzdem ergeben sich dabei nahezu die gleichen Spannungen, wie aus den folgenden Tabellen zu ersehen ist.

$$\underline{\lambda = o}$$

$F_z = 264.4 \text{ cm}^2; \quad V = 12oo.o \text{ Mp}$

$M_{u,o} = M_{u,\infty} = -3252 \text{ Mpm}; \quad M_u/1.7 = -1913 \text{ Mpm}$

	t = o	t = ∞		
		1oo:o	5o:5o	o:1oo
OK. Beton	-o.o22	+o.o27	+o.oo8	-o.o11
UK. Beton	-o.o46	+o.oo1	-o.oo5	-o.o1o
OK. Stahl	-o.282	-1.372	-1.o83	-o.793
UK. Stahl	-1.518	-1.383	-1.421	-1.459
Spannstahl	+5.oo9	+3.845	+4.154	+4.463

$$\underline{\lambda = 2o}$$

$F_z = 261.6 \text{ cm}^2; \quad V = 1187.5 \text{ Mp}$

$M_{u,o} = M_{u,\infty} = -3123 \text{ Mpm}; \quad M_u/1.7 = -1843 \text{ Mpm}$

	t = o	t = ∞		
		1oo:o	5o:5o	o:1oo
OK. Beton	-o.o24	+o.o25	+o.oo6	-o.o13
UK. Beton	-o.o47	o.ooo	-o.oo6	-o.o11
OK. Stahl	-o.288	-1.372	-1.o92	-o.812
UK. Stahl	-1.46o	-1.326	-1.363	-1.399
Spannstahl	+4.993	+3.836	+4.135	+4.433

133

$\underline{\lambda = 4o}$

$F_z = 253.3 \text{ cm}^2; \quad V = 1150.o \text{ Mp}$

$M_{u,o} = M_{u,\infty} = -2835 \text{ Mpm}; \quad M_u/1.7 = -1668 \text{ Mpm}$

	t = o	t = ∞		
		1oo:o	5o:5o	o:1oo
OK. Beton	-o.o29	+o.o18	+o.oo1	-o.o16
UK. Beton	-o.o48	-o.oo4	-o.oo9	-o.o14
OK. Stahl	-o.299	-1.365	-1.1o9	-o.852
UK. Stahl	-1.317	-1.185	-1.219	-1.252
Spannstahl	+4.952	+3.815	+4.o89	+4.362

$\underline{\lambda = 6o}$

$F_z = 239.6 \text{ cm}^2; \quad V = 1o87.5 \text{ Mp}$

$M_{u,o} = -2475 \text{ Mpm}; \quad M_{u,o}/1.7 = -1456 \text{ Mpm}$

$M_{u,\infty} = -2476 \text{ Mpm}; \quad M_{u,\infty}/1.7 = -1457 \text{ Mpm}$

	t = o	t = ∞		
		1oo:o	5o:5o	o:1oo
OK. Beton	-o.o33	+o.o11	-o.oo3	-o.o18
UK. Beton	-o.o49	-o.oo7	-o.o11	-o.o15
OK. Stahl	-o.3o3	-1.337	-1.1o9	-o.881
UK. Stahl	-1.145	-1.o18	-1.o48	-1.o77
Spannstahl	+4.9o1	+3.797	+4.o41	+4.284

$\underline{\lambda = 8o}$

$F_z = 22o.3 \text{ cm}^2; \quad V = 1ooo.o \text{ Mp}$

$M_{u,o} = -2o83 \text{ Mpm}; \quad M_{u,o}/1.7 = -1225 \text{ Mpm}$

$M_{u,\infty} = -2o97 \text{ Mpm}; \quad M_{u,\infty}/1.7 = -1233 \text{ Mpm}$

	t = o	t = ∞		
		1oo:o	5o:5o	o:1oo
OK. Beton	-o.o35	+o.oo5	-o.oo7	-o.o2o
UK. Beton	-o.o48	-o.o1o	-o.o13	-o.o16
OK. Stahl	-o.297	-1.284	-1.o88	-o.892
UK. Stahl	-o.958	-o.843	-o.866	-o.888
Spannstahl	+4.847	+3.794	+4.oo3	+4.212

Für die angeführten Querschnitte λ = 6o und 8o, unter Umständen auch mit kleineren Schlankheitsgraden, könnten die Spannstahlfläche und die Vorspannkraft im Hinblick auf die Betonspannungen noch stärker reduziert werden, wodurch sich noch wirtschaftlichere Lösungen ergeben könnten.

Zusammenfassung zu Abschnitt IV.A.2

In den Querschnitten dieser Zahlenbeispiele sind für verschiedene Vorspannungen und verschiedene Schlankheiten des Untergurtes die Grenztragfähigkeiten angegeben. Der Vergleich des Belastungszustandes für $M_u/1.7$ mit zulässigen Spannungen zeigt, daß beide Verfahren ungefähr zur gleichen Dimensionierung führen.

IV.B   Spannbeton

Positive und negative Momente können in gleicher Weise erfaßt werden.

Das erste Zahlenbeispiel zeigt die Auswirkung verschiedener Vorspannungen und Vorspannungsgrade über die Primärdehnungen auf die Grenztragfähigkeit $M_{u,o}$ zum Zeitpunkt t = o. Diese theoretischen Betrachtungen erfolgen in drei Serien jeweils zunehmender Vorspannkraft, die sich querschnittsmäßig nur in den Stahleinlagen unterscheiden.

Die Querschnitte für die darauffolgenden drei Querschnitte wurden im Abschnitt II.D für eine Belastung M_g = 2oo Mpm und M_p = 3oo Mpm dimensioniert (Beispiele 1, 2 (Var. 2) und 4). Die Werte M_u der Grenztragfähigkeit werden jeweils für die Zeitpunkte t = o und t = ∞ angegeben, wobei das Kriechen mit φ_∞ = 2.0, das Schwinden mit $\varepsilon_{s,\infty}$ = 2o $\cdot$ 1o^{-5} erfaßt wird. Das Moment M_g wirkt auf den Betonquerschnitt und ist im Primärzustand enthalten. Der Spannungsberechnung liegt für t = o eine Verkehrslast
$M_{p,o} = M_{u,o}/\nu - M_g$, für t = ∞ eine Verkehrslast
$M_{p,\infty} = M_{u,\infty}/\nu - M_g$ zugrunde, die auf den Verbundquerschnitt wirkt. Nach DIN 4227 ist der Sicherheitskoeffizient ν = 1.75 anzuwenden, doch erfolgt zum Vergleich auch eine Spannungsberechnung auf der Grundlage eines Wertes ν = 1.7, wie er auch den

Stahlträgerverbundkonstruktionen unterstellt wurde.

Alle nachfolgenden Querschnitte bestehen aus Beton der Güte
Bn 35o und aus Stahleinlagen, deren Güte jeweils angeführt ist.

Beispiel 17:

Die drei folgenden Untersuchungsreihen zeigen den Einfluß von
Primärdehnungszuständen auf die Grenztragfähigkeit von Spann-
betonquerschnitten zur Zeit t = o. Für alle Stahleinlagen wird
St 8o/1o5 mit β_z = 8.o Mp/cm^2 und E$_z$ = 21oo Mp/cm^2 verwendet.

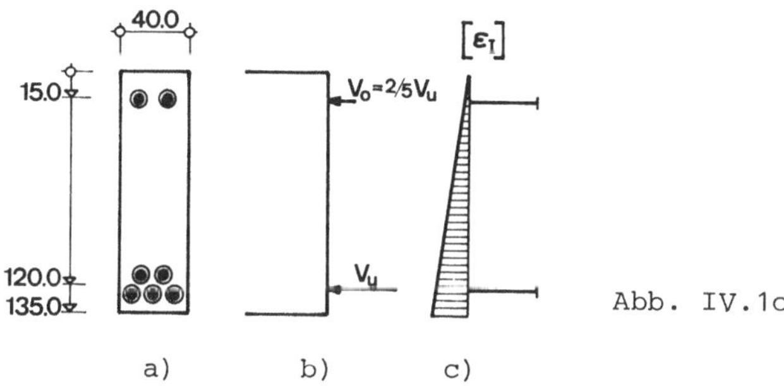

Abb. IV.1o

a) An dem Rechteckquerschnitt nach Abb. IV.1o a wachsen die Vorspannkräfte in den beiden Spannstahllagen im Verhältnis
   $V_u:V_o$ = 5:2 (Abb. IV.1o b) an. Die Primärdehnungen des Betons
   sind dabei dreieckig verteilt (Abb. IV.1o c). Für die Vorspanngrade V_u = o, 1o9.29, 218.57 und 327.86 Mp wird die
   Grenztragfähigkeit M_u berechnet. Die Ergebnisse sind in Abb.
   IV.13 als Kurve a dargestellt. Im Traglastzustand erreicht
   der Beton an der Oberkante die Grenzdehnung -3.5 $^o/oo$, die
   untere Spannstahllage fließt. Die obere Spannstahllage be-
   findet sich hingegen im elastischen Bereich und bewirkt eine
   Verkleinerung des inneren Hebelarmes, somit eine Abnahme von
   M_u mit zunehmender Vorspannung.

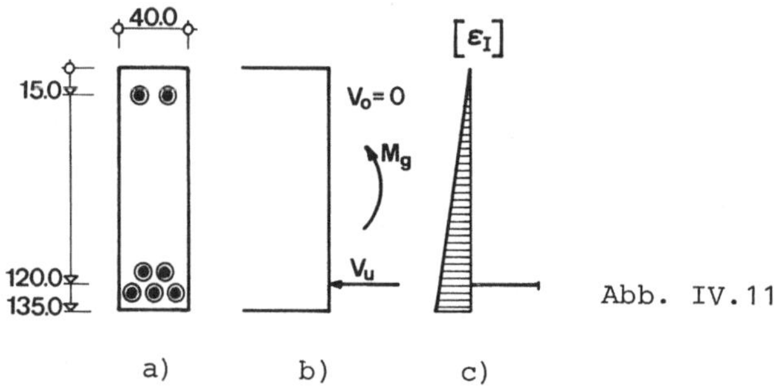

Abb. IV.11

b) In diesem Fall wird die obere Spannstahllage nicht vorge-
spannt, sodaß sie wie eine schlaffe Bewehrung wirkt (Abb.
IV.11 a), während in der unteren die Vorspannung von V_u = o
über 1o2.29 und 218.57 bis 327.86 Mp anwächst. Gleichzeitig
mit dem Vorspannen wirkt ein zugehöriges Moment aus ständiger
Last mit den Werten M_g = o.o, 39.85, 79.69 und 119.54 auf den
Betonquerschnitt, wodurch sich eine dreieckige Verteilung der
Primärdehnungen ergibt (Abb. IV.11 c). Für alle Stufen der
Vorspannung erreicht im Traglastzustand der Beton die Grenz-
dehnung und der Spannstahl fließt. Es ergibt sich in jedem
Fall die gleiche Grenztragfähigkeit M_u = 482.5 Mpm (Kurve b
in Abb. IV.13).

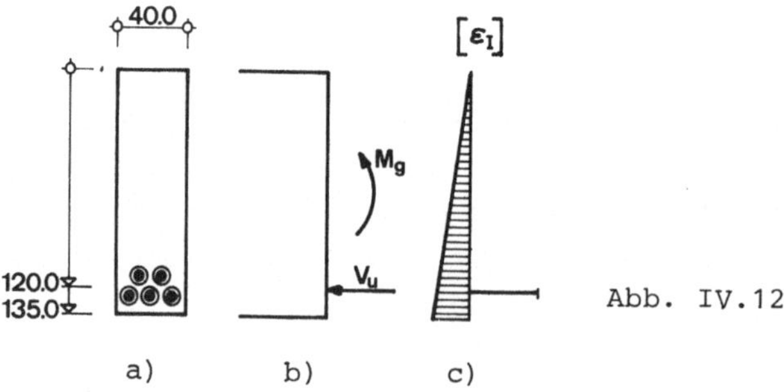

Abb. IV.12

c) Der betrachtete Rechteckquerschnitt nach Abb. IV.12 a ergibt
sich aus dem nach Abb. IV.1o a durch Weglassen der oberen
Spannstahllage. Gleichzeitig mit den Vorspannkräften V_u = o.o,
1o9.29, 218.57 und 327.86 wird das Moment aus ständiger Last
in Stufen zu M_g = o.o, 32.79, 65.57 und 98.36 Mpm auf den
Betonquerschnitt (Abb. IV.12 b) aufgebracht, wodurch sich in
diesem dreieckig verteilte Primärdehnungen ergeben (Abb.

IV. 12 c). Die Ergebnisse der Traglastberechnung sind in Abb.
IV. 13 als Kurve c dargestellt. Im Bereich schwächerer Vorspannung plastiziert der Spannstahl im Traglastzustand nicht,
und eine Erhöhung der Vorspannkraft vergrößert die Grenztragfähigkeit. Erst wenn durch entsprechend hohe Vorspannung
der Spannstahl unter Traglast fließt, ist M_u unabhängig von
den Primärdehnungen, und die Kurve c verläuft horizontal.
Die Differenz zur Kurve b wird durch das Fehlen der oberen
Spannstahllage bewirkt.

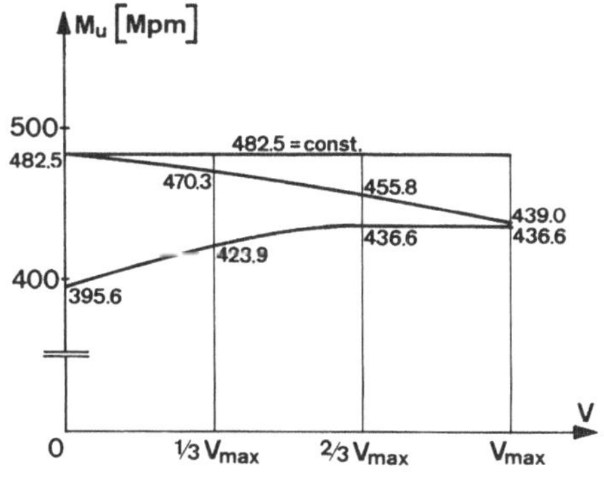

Abb. IV.13

Man erkennt daraus, daß bei voller Plastizierung aller Spannstähle die Primärdehnungen aus der Vorspannung keinen Einfluß
auf die Grenztragfähigkeit haben.

Sind jedoch nicht alle Spannstähle plastiziert, so können die
Primärdehnungen sich in verschiedener Weise auf den Traglastzustand auswirken. In der Regel wird durch eine Steigerung der
Vorspannkraft die Grenztragfähigkeit erhöht oder auch nicht be-
einflußt. Unter Umständen kann, wie im Fall a, jedoch auch eine
Verminderung der Grenztragfähigkeit eintreten. In diesem Fall
leitet die Vorspannkraft der oberen Spannstahllage ein positives
Moment in den Betonquerschnitt ein, ähnlich der ständigen Last
in den Fällen b und c. Durch das Vorspannen der oberen Spannstahllage wird somit der Belastbarkeit durch äußeres Moment ein
entsprechender Anteil entzogen.

Schwinden und Kriechen verursachen eine Änderung der Vorspannkraft, deren Auswirkungen oben beschrieben wurden.

Beispiel 18: Rechteckquerschnitt

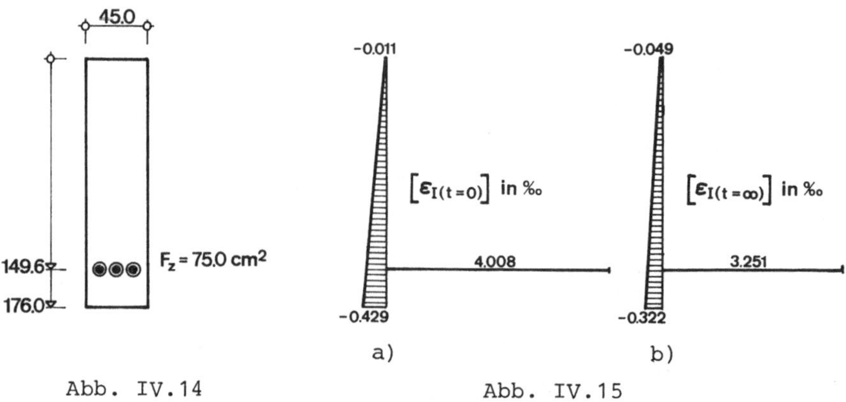

Abb. IV.14   Abb. IV.15

Der Querschnitt ist in Abb. IV.14 dargestellt.

Spannstahl: St 125/14o mit β_z = 12.5o Mp/cm^2

E_z = 2o5o Mp/cm^2

Vorspannung: V = 616.3o Mp

Belastung: ständige Last M_g = 2oo Mpm

Vorspannung und ständige Last wirken auf den Betonquerschnitt und erzeugen Primärdehnungen. Diese sind für die Zeitpunkte t = o und t = ∞ in den Abb. IV.15 a und b dargestellt. Die weiteren Belastungen bis zum Erreichen der Grenztragfähigkeit wirken auf den Verbundquerschnitt.

Es ergeben sich für t = o bzw. t = ∞ folgende Werte der Grenztragfähigkeit:

$$M_{u,o} = 882.55\ \text{Mpm}$$
$$M_{u,\infty} = 84o.7o\ \text{Mpm}$$

In beiden Fällen liegt der Spannstahl im Traglastzustand im elastischen Bereich. Entsprechend Zahlenbeispiel 7 bzw. 17 wird infolge der durch Kriechen und Schwinden bedingten Abnahme der Vorspannkraft für t = ∞ auch die Grenztragfähigkeit kleiner.

Nachfolgend sind die Spannungen in Mp/cm^2 für eine Belastung mit M_g = 2oo Mpm und $M_p = M_u/\nu - M_g$ angegeben.

a) $\nu = 1.75$

$t = 0$ OK. Beton: -0.1264

$\dfrac{M_{u,0}}{1.75} = 504.31$ Mpm UK. Beton: -0.0383

$M_{p,0} = 304.31$ Mpm Spannstahl: $+8.7018$

$t = \infty$ OK. Beton: -0.1327

$\dfrac{M_{u,\infty}}{1.75} = 480.40$ Mpm UK. Beton: -0.0019

$M_{p,\infty} = 280.40$ Mpm Spannstahl: $+7.1100$

b) $\nu = 1.7$

$t = 0$ OK. Beton: -0.1326

$\dfrac{M_{u,0}}{1.7} = 519.15$ Mpm UK. Beton: -0.0327

$M_{p,0} = 319.15$ Mpm Spannstahl: $+8.7255$

$t = \infty$ OK. Beton: -0.1386

$\dfrac{M_{u,\infty}}{1.7} = 494.53$ Mpm UK. Beton: $+0.0035$

$M_{p,\infty} = 294.53$ Mpm Spannstahl: $+7.1325$

Unter Annahme eines Sicherheitskoeffizienten $\nu = 1.7$ bestätigt
die Traglastberechnung die Dimensionierung nach Abschnitt II.D.
Für $\nu = 1.75$ müßte wegen $M_{p,\infty} = 280.40 < 300.0$ Mpm mit Rücksicht auf die Traglastberechnung eine Verstärkung des Querschnitts erfolgen.

Beispiel 19: Plattenbalkenquerschnitt

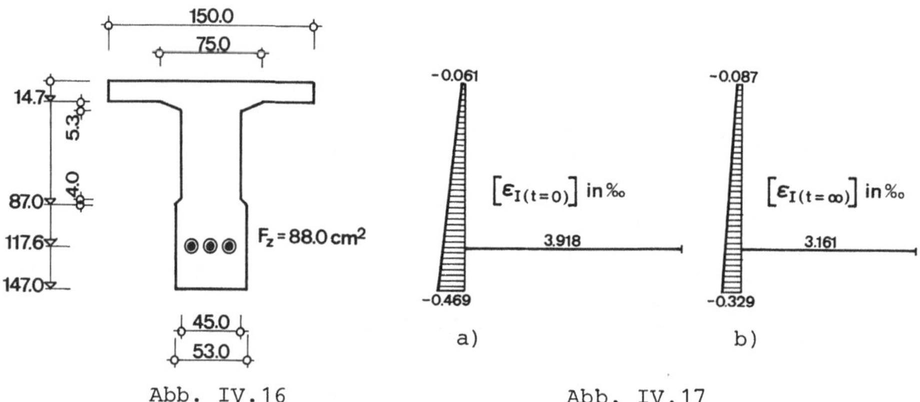

Abb. IV.16   Abb. IV.17

Der Querschnitt ist in Abb. IV.16 dargestellt.

Spannstahl: wie in Beispiel 18
Vorspannung: V = 7o6.8o Mp
Belastung: ständige Last M_g = 2oo Mpm

Primärdehnung aus Vorspannung und ständiger Last sind für t = o
und t = ∞ in Abb. IV.17 a und b dargestellt. Die Sekundärbe-
lastungen wirken auf den Verbundquerschnitt.

Für die Grenztragfähigkeit ergeben sich folgende Werte:

$$t = o: \quad M_{u,o} = 91o.6o \text{ Mpm}$$
$$t = \infty: \quad M_{u,\infty} = 883.15 \text{ Mpm,}$$

wobei in beiden Fällen der Spannstahl im elastischen Bereich
liegt.

Nachfolgend sind die Spannungen für eine Belastung mit
M_g = 2oo Mpm und $M_p = M_u/\nu - M_g$ angegeben.

a) ν = 1.75

$t = o$		OK. Beton:	$-$o.1253
$\dfrac{M_{u,o}}{1.75}$ = 522.63 Mpm		UK. Beton:	$-$o.o341
$M_{p,o}$ = 322.63 Mpm		Spannstahl:	$+$8.5111

$\underline{t = \infty}$

OK. Beton: -o.1283

$\dfrac{M_{u,\infty}}{1.75} = 5o4.66$ Mpm

UK. Beton: +o.oo66

$M_{p,\infty} = 3o4.66$ Mpm

Spannstahl: +6.9323

b) $\nu = 1.7$

$\underline{t = o}$

OK. Beton: -o.13o3

$\dfrac{M_{u,o}}{1.7} = 538.oo$ Mpm

UK. Beton: -o.o281

$M_{p,o} = 338.oo$ Mpm

Spannstahl: +8.5339

$\underline{t = \infty}$

OK. Beton: -o.1331

$\dfrac{M_{u,\infty}}{1.7} = 519.5o$ Mpm

UK. Beton: +o.o123

$M_{p,\infty} = 319.5o$ Mpm

Spannstahl: +6.9543

Der Querschnitt wurde für $M_g + M_p = 5oo$ Mpm dimensioniert (Abschnitt II.D, Beispiel 2). Aufgrund der Traglastberechnung ergibt sich eine höhere zulässige Gebrauchslast, auch wenn ein Sicherheitskoeffizient $\nu = 1.75$ angenommen wird. Im Hinblick auf die dabei auftretenden Betonspannungen ist in diesem Fall der Gebrauchslastenzustand maßgebend, sofern volle Vorspannung verlangt wird.

Beispiel 2o: Kastenquerschnitt

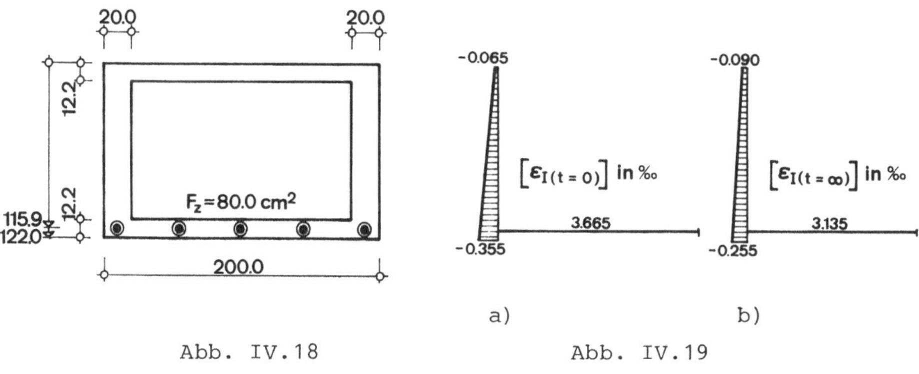

a)   b)

Abb. IV.18   Abb. IV.19

Der Querschnitt ist in Abb. IV.18 dargestellt.

Spannstahl: wie in Beispiel 18
Vorspannung: V = 627.2o Mp
Belastung: ständige Last M_g = 2oo Mpm

Die Primärdehnungen aus Vorspannung und ständiger Last sind für
t = o und t = ∞ in Abb. IV.19 a und b dargestellt.

Für die Grenztragfähigkeit ergeben sich folgende Werte:

$$t = o: \quad M_{u,o} = 896.94 \text{ Mpm}$$
$$t = \infty: \quad M_{u,\infty} = 971.87 \text{ Mpm}$$

Der Spannstahl liegt in beiden Fällen im elastischen Bereich.

Nachfolgend sind die Spannungen für eine Belastung mit
M_g = 2oo Mpm und $M_p = M_u/\nu - M_g$ angegeben.

a) ν = 1.75

<u>t = o</u>	OK. Beton: -o.1258
$\dfrac{M_{u,o}}{1.75}$ = 512.54 Mpm	UK. Beton: -o.o263
$M_{p,o}$ = 312.54 Mpm	Spannstahl: +8.3495
<u>t = ∞</u>	OK. Beton: -o.1294
$\dfrac{M_{u,\infty}}{1.75}$ = 498.21 Mpm	UK. Beton: +o.oo35
$M_{p,\infty}$ = 298.21 Mpm	Spannstahl: +6.9132

b) ν = 1.7

<u>t = o</u>	OK. Beton: -o.13o8
$\dfrac{M_{u,o}}{1.7}$ = 527.61 Mpm	UK. Beton: -o.o217
$M_{p,o}$ = 327.61 Mpm	Spannstahl: +8.3741

$$t = \infty$$

$$\frac{M_{u,\infty}}{1.7} = 512.86 \text{ Mpm}$$

$$M_{p,\infty} = 312.86 \text{ Mpm}$$

OK. Beton: -o.1343

UK. Beton: +o.oo79

Spannstahl: +6.937o

In diesem Fall stimmen Gebrauchslast- und Traglastberechnung sehr gut überein, insbesondere wenn ν = 1.75 gewählt wurde.

Zusammenfassung zu Abschnitt IV.B

Das erste Beispiel zeigt, in wie verschiedener Weise sich Primärdehnungen auf die Grenztragfähigkeit auswirken können. Im allgemeinen sind die Spannstähle so im Querschnitt angeordnet, daß stärkere Vorspannung eine gleiche oder höhere Grenztragfähigkeit ergibt. Der Sonderfall der geringeren Grenztragfähigkeit entsprechend Beispiel 17a kann auftreten, wenn stark schwankende Momente eine derart aufgegliederte Spanngliedführung erfordern.

Die weiteren Beispiele stellen Gebrauchslastenzustände und Traglastzustände gegenüber. In den betrachteten Fällen sind im Hinblick auf die Sicherheit der Konstruktion beide Verfahren annähernd gleichwertig. Im allgemeinen sagt jedoch das Einhalten zulässiger Spannungen bei vorgespannten Systemen nichts über die Tragsicherheit aus. Andererseits wird man in vielen Fällen nur an Hand einer Spannungsberechnung sinnvolle wirtschaftliche Lösungen finden. Gerade für vorgespannte Querschnitte ist deshalb eine Untersuchung sowohl unter Gebrauchslasten als auch für den Traglastzustand erforderlich.

Im Zusammenhang mit den Gebrauchslastenzuständen sei darauf verwiesen, daß das Eigenträgheitsmoment der Stahleinlagen ohne bedeutende Fehler in den Spannungen nur vernachlässigbar ist, wenn der Abgrenzungskennwert nach [6] $j_b \geqq 25$ ist.

LITERATUR

[1] RÜSCH, H.: Stahlbeton - Spannbeton. Werner-Verlag Düsseldorf 1972.

[2] LEONHARDT, F.: Spannbeton für die Praxis. Verlag Wilhelm Ernst & Sohn Berlin-München-Düsseldorf 1973.

[3] NEAL, B.G.: Das Verfahren der plastischen Berechnung biegesteifer Stahlstabwerke. Springer-Verlag Berlin-Göttingen-Heidelberg 1958.

[4] ROIK, K., LINDNER, J.: Einführung in die Berechnung nach dem Traglastverfahren. Herausgeber: DASt, Stahlbau-Verlags-GmbH Köln 1972.

[5] STARK, J.W.B.: De berekening van de uiterste draagkracht van statisch bepaalde staalbeton liggers. Institute TNO for Building Materials and Building Structures, Delft.

[6] SATTLER, K.: Theorie der Verbundkonstruktionen (2. Aufl.). Verlag Wilhelm Ernst & Sohn Berlin 1959.

[7] KUNERT, K.: Beitrag zur Berechnung von Verbundkonstruktionen. Dissertation TU Berlin 1955.

[8] Zwischenbericht des Sonderforschungsbereiches 96 der TU München: Sicherheit von Bauwerken. München 1975.

[9] DELESQUES, R.: États limites et coefficients de pondération. Éléments de base en vue de la rédaction de recommandations internationales de la Commission Mixte AIPC-CEB-CECM-FIP Constructions Mixtes Acier-Béton 1974.

[1o] SATTLER, K.: Lehrbuch der Statik. Bd. II, Teil B. Springer-Verlag Berlin-Heidelberg-New York 1975.

[11] GSELL, G.: Betrachtungen zur Knicklänge von Fachwerkstäben. Stahlbau-Verlags-GmbH Köln 1969.

[12] Richtlinien für Stahlverbundträger (auf der Grundlage von DIN 1o45 und DIN 4227). Juni 1974.

[13] SATTLER, K.: Verbundkonstruktionen - Berechnung und Versuche. "Der Bauingenieur" 5o (1975), Heft 9, S. 353.

[14] C E B   Bulletin d'information No. 8o, S. 42. Paris 1972.

[15] Verbundmittel. Vorläufige Richtlinien. Österreichischer
      Stahlbauverband Wien 1974.

[16] SATTLER, K.: Ein allgemeines Berechnungsverfahren für Trag-
      werke mit elastischem Verbund. Stahlbau-Verlags-
      GmbH 1955.

[17] SCHRADER, J.: Vorberechnung der Verbundträger. Verlag
      Wilhelm Ernst & Sohn Berlin 1955.

DAS PROGRAMM "CONMIX"

Erläuterungen

Das Programm CONMIX dient zur Berechnung von Querschnittswerten,
ferner von Verteilungs- und Umlagerungsgrößen, Spannungen und
Dehnungen aus Gebrauchslastenzuständen und schließlich zur Ermittlung der Grenztragfähigkeit von Verbundquerschnitten. Es
gliedert sich in 1 Hauptprogramm, 26 Subroutine-Unterprogramme
und 4 Function-Unterprogramme und besitzt 7 Commonbereiche. Die
Programme sind in FORTRAN-IV abgefaßt, wobei zum Teil folgende
vom ASA-Standard abweichende Formulierungen verwendet werden:

IT(1) = 5HN = 1: Der Integervariablen IT(1) wird der Text N = 1
                 zugeordnet.
CM: 2HCM
1H1:   Seitenvorschub
1H+:   kein Zeilenvorschub

Die COMMON-Bereiche

1. COMMON IRD, IWR

IRD ist der Filecode für den Leser, IWR für den Drucker.

<u>2. COMMON /QUER/</u>

Dieser Commonbereich enthält alle Angaben bezüglich der Querschnittsgeometrie, Vorspannung sowie die Querschnittswerte (Schwerpunktabstände, Flächen, Trägheitsmomente, ...).

NB .... Anzahl der Betonteiltrapeze (bzw. -teilrechtecke)
        (max. 6)

NS .... Anzahl der Stahlträgerteilrechtecke (max. 12)

NE .... Anzahl der Lagen schlaffer Bewehrung in verschiedenen
        Höhen (max. 6)

NZ .... Anzahl der Spannstahllagen in verschiedenen Höhen oder
        mit verschiedenen Vorspannkräften (max. 4)

$$
\left.\begin{aligned}
ZB(N) &= z_v \quad (cm)\\
AB(N) &= h \quad (cm)\\
BB(N) &= v \quad (cm)\\
CB(N) &= w \quad (cm)
\end{aligned}\right\} \text{ nach Abb. I.13, jeweils für das n-te Teiltrapez}
$$

$$
\left.\begin{aligned}
ZS(N) &= z_v \quad (cm)\\
AS(N) &= h \quad (cm)\\
BS(N) &= b \quad (cm)
\end{aligned}\right\} \text{ nach Abb. I.14, jeweils für das n-te Teilrechteck}
$$

$$
\begin{aligned}
ZE(N) &= z_{e;n} \quad (cm)\\
FE(N) &= F_{e;n} \quad (cm^2)\\
ZZ(N) &= z_{z;n} \quad (cm)\\
FZ(N) &= F_{z;n} \quad (cm^2)
\end{aligned}
$$

$VZ(N) = $ Vorspannkraft V_n in der n-ten Spannstahllage (Mp)

Z(1) / Z(2)   OK/UK Beton

Z(3) / Z(4)   OK/UK Stahlträger

Z(5) / Z(6)   oberste/unterste Bewehrungslage

Z(7) ÷ Z(1o)   ZZ(1) ÷ ZZ(4)

Z(11) / Z(12)   oberste/unterste Kontaktfaser zwischen Beton und
                Stahl

Z(13) / Z(14)   oberste/unterste Randfaser des Gesamtquerschnitts

$ZSW(I)$ (cm)   Lage des Schwerpunktes

$FLA(I)$ (cm^2) Querschnittsfläche

$TRM(I)$ (cm^4) Trägheitsmoment um $ZSW(I)$

<u>Bedeutung der Indizes I:</u>

1   Beton

2   Beton, reduziert

3   Stahl

4   schlaffe Bewehrung

5   Spannstahl

6   Spannstahl, reduziert

7   Verbundquerschnitt ohne Spannstahl

8   Gesamtstahlquerschnitt

9   Beton + schlaffe Bewehrung

1o Beton + schlaffe Bewehrung + Spannstahl

11 ideeller Verbundquerschnitt

<u>3. COMMON /EPSG/</u>

E-Moduli, Grenzdehnungen, Grenzspannungen, usw.

EBo ...... E-Modul des Betons (Mp/cm^2)
         (keine Eingabe: EBo = 35o. Mp/cm^2)

EZo ...... E-Modul des Spannstahls (Mp/cm^2)
         (keine Eingabe: EZo = 21oo. Mp/cm^2)

PHI ...... Kriechzahl φ_∞

EPS ...... Schwindmaß $\varepsilon_{s,\infty}$

DLT ...... ΔT^o...Temperaturunterschied zwischen Betonplatte und
         Stahlträger

SBD ...... β_b (Mp/cm^2) (SBD ist negativ!)

SSZ(N) ... $\beta_{s,Z}$ (Mp/cm^2) für n-tes Stahlrechteck

SSD(N) ... $\beta_{s,D}$ (Mp/cm^2) für n-tes Stahlrechteck (SSD(N) ist
                                  negativ!)

SEF ...... β_e (Mp/cm^2)

SZF ...... β_z (Mp/cm^2)

$E(1) \div E(9)$ Dehnungsbeschränkungen

<u>Für die Eingabe:</u>

    E(1)   Beton auf Zug

    E(2)   Beton auf Druck (z.B. -3.5)

    E(3)   Stahlträger auf Zug

    E(4)   Stahlträger auf Druck

    E(5)   schlaffe Bewehrung auf Zug

    E(6)   Spannstahl auf Zug

    E(7)   Kontaktfaser zwischen Beton und Stahl (z.B. 5.o)

4. COMMON /LAST/

Äußere Belastungen, Schnittbelastungen, Spannungen und Dehnungen.

PN(I)   Längskraft aus äußerer Belastung in Mp

PM(I)   Moment aus äußerer Belastung in Mpm

Bedeutung der Indizes I:

1   Belastung auf Stahlträger

2   Belastung auf Querschnitt ohne Spannstahl (vor dem Vorspannen)

3   Verkehrsbelastung auf Gesamtquerschnitt

4   ständige Belastung auf Gesamtquerschnitt, konstant wirkend

5   Belastung auf Gesamtquerschnitt, linear mit φ anwachsend

A2(I,K): Hilfsmatrix; Primärdehnungen

A3(I,J,K): K = 1   Teilschnittbelastungen (Verteilungsgrößen, ..)

         K = 2   Spannungen

         K = 3   Dehnungen

Lastfall J	I	wenn KB = 1	wenn KB $\neq$ 1 *)
1	1-1o	N=1 auf Stahlträger	PN(1), PM(1)
	11-2o	M=1 auf Stahlträger	—
2	1-1o	N=1 v.Vspg.; t = o	PN(2), PM(2); t = o
	11-2o	M=1 v.Vspg.; t = o	PN(2), PM(2); t = ∞
3	1-1o	N=1 v.Vspg.; t = ∞	Vspg.; t = o
	11-2o	M=1 v.Vspg.; t = ∞	Vspg.; t = ∞
4	1-1o	N=1 n.Vspg.; t = o	PN(3), PM(3)
	11-2o	M=1 n.Vspg.; t = o	—
5	1-1o	N=1 n.Vspg.; t = ∞	PN(4), PM(4); t = o
	11-2o	M=1 n.Vspg.; t = ∞ N,M wirken konstant	PN(4), PM(4); t = ∞
6	1-1o	N=1 n.Vspg.; t = ∞	PN(5), PM(5); t = o
	11-2o	M=1 n.Vspg.; t = ∞ N,M lin. anwachsend	PN(5), PM(5); t = ∞
7	1-1o	Schwinden	Schwinden
	11-2o	ΔT	ΔT

*) Wenn KB = o ist, werden nur die Lastfälle 3 und 7 gerechnet.

Bedeutung der Indizes I:

I	K = 1	K = 2	K = 3
1,11	N_b	$\sigma_{b,o}$	$\varepsilon_{b,o}$
2,12	M_b	$\sigma_{b,u}$	$\varepsilon_{b,u}$
3,13	N_s	$\sigma_{s,o}$	$\varepsilon_{s,o}$
4,14	M_s	$\sigma_{s,u}$	$\varepsilon_{s,u}$
5,15	N_e	$\sigma_{e,o}$	$\varepsilon_{e,o}$
6,16	M_e	$\sigma_{e,u}$	$\varepsilon_{e,u}$
7,17	N_z	$\sigma_{z,1}$	$\varepsilon_{z,1}$
8,18	M_z	$\sigma_{z,2}$	$\varepsilon_{z,2}$
9,19		$\sigma_{z,3}$	$\varepsilon_{z,3}$
1o,2o		$\sigma_{z,4}$	$\varepsilon_{z,4}$

5. COMMON /UMLG/

Hilfsgrößen zur Berechnung der Umlagerungsgrößen nach KUNERT.

6. COMMON /TEXT/

Textvariable für den Ausdruck der Ergebnisse der Gebrauchslastenberechnung.

Die einzelnen Programmeinheiten

1. Das Hauptprogramm CONMIX

Mit dem Hauptprogramm CONMIX wird der Programmablauf gesteuert
und das Titelblatt ausgedruckt.

1. Lochkarte des Datensatzes:

TITEL(2o)   1. Zeile 64 Zeichen Text (Überschrift)
             2. Zeile 16 Zeichen Text (z.B. Datum)

2. Lochkarte des Datensatzes:

NQ   Anzahl der Querschnitte
     (im Format I5; rechtsbündig in die ersten 5 Spalten)

2. EINLES(KS,KB,KE,KV,KT)

Integergrößen sind rechtsbündig, Realgrößen mit Dezimalpunkt zu lochen!

KS = o   nur Querschnittswerte zu rechnen

KS = 1   nur Gebrauchslasten

KS = 2   nur Traglast (Grenztragfähigkeit)

KS > 2   Gebrauchslast + Traglast

KB = o   keine äußere Belastung vorgegeben
               (nur Vorspannung, Schwinden, Kriechen, Temperatur)

KB = 1   Einheitsbelastungen, Schwinden, Kriechen, Temperatur

KB = 2   vorgegebene Belastungen PN(1÷5), PM(1÷5)

KE = o   keine Dehnungen berechnen

KE = 1   Dehnungen berechnen

KV = o   keine Vorspannung (KV = o automatisch, wenn NZ = o)

KV = 1   Vorspannung vor Verbund (wenn NS > o)

KV = 2   Vorspannung nach Verbund (wenn NS > o)

KT = 1   Grenztragfähigkeit für t = o (automatisch, wenn PHI = o)

KT = 2   Grenztragfähigkeit für t = ∞

KT = 3   beides (automatisch, wenn KS $\neq$ 1 und KS $\neq$ 2)

Für jeden zu rechnenden Querschnitt wird zuerst EINLES aufgerufen.

<u>Erste Datenkarte für den jeweiligen Querschnitt:</u>

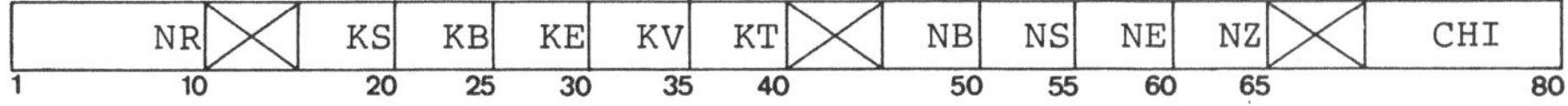

NR ... Nummer des Querschnitts

$$CHI = \frac{2}{\pi}\arctan\frac{M}{N \cdot H/4}, \text{ wenn } |CHI| \leq 1oo$$

M: Moment, N: Normalkraft, H: gesamte Querschnittshöhe

CHI = o. bedeutet reinen Zug

CHI = 1. bedeutet reines positives Moment

CHI = 2. bedeutet reinen Druck

CHI = 3. bedeutet reines negatives Moment

CHI = 4. bedeutet CHI = o.

wenn $|CHI| > 1oo$: $|CHI| - 1oo$: Anzahl No $\leq$ 16 der für die Berech-
                                nung der Grenzlast vorgegebenen
                                Nullinien Zo(N)

              CHI positiv: Sekundärkrümmung positiv

              CHI negativ: Sekundärkrümmung negativ

Weitere Datenkarten:

Nur wenn NB ≠ o:

| ZB(1) | AB(1) | BB(1) | CB(1) | ZB(2) | AB(2) | BB(2) | CB(2) |

etc. (2 Teiltrapeze pro Karte, max. 3 Karten)

Nur wenn NS ≠ o:

| ZS(1) | AS(1) | BS(1) | | ZS(2) | AS(2) | BS(2) | |

etc. (2 Teilrechtecke pro Karte, max. 6 Karten)

Nur wenn NE ≠ o:

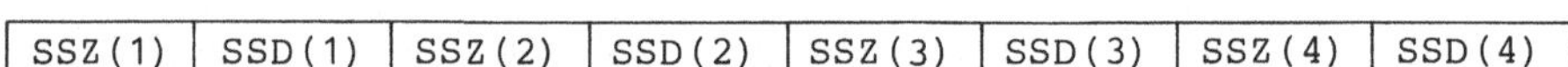

| ZE(1) | FE(1) | ZE(2) | FE(2) | ZE(3) | FE(3) | ZE(4) | FE(4) |

etc. (4 Lagen pro Karte, max. 2 Karten)

Nur wenn NZ ≠ o:

| ZZ(1) | FZ(1) | VZ(1) | | ZZ(2) | FZ(2) | VZ(2) | |

etc. (2 Lagen pro Karte, max. 2 Karten)

Nur wenn NB ≠ o:

| EBo | PHI | EPS | DLT | SBD | SEF | EZo | SZF |

(Die Werte SBD (negativ!), SEF und SZF werden nur bei der Berechnung der Grenztragfähigkeit benötigt; 1 Karte)

Nur wenn KS > 1 (bei Traglast) und NS ≠ o:

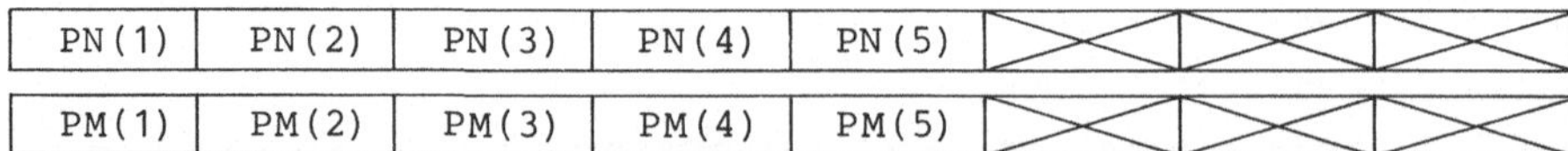

| SSZ(1) | SSD(1) | SSZ(2) | SSD(2) | SSZ(3) | SSD(3) | SSZ(4) | SSD(4) |

etc. (rechnerische Fließspannungen für 4 Teilrechtecke pro Karte, max. 3 Karten)
Wenn SSD(I) = -SSZ(I), braucht SSD(I) nicht eingegeben zu werden.

Nur wenn KB = 2:

| PN(1) | PN(2) | PN(3) | PN(4) | PN(5) | | | |
| PM(1) | PM(2) | PM(3) | PM(4) | PM(5) | | | |

(vorgegebene äußere Belastungen; 2 Karten)

Nur wenn KS ≧ 2:

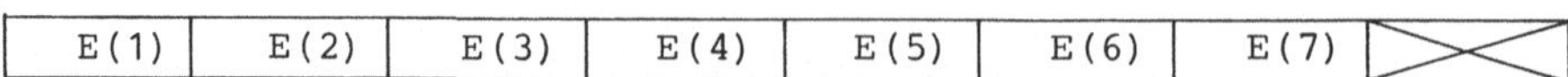

| E(1) | E(2) | E(3) | E(4) | E(5) | E(6) | E(7) | |

(Dehnungsbeschränkungen, einzugeben in $^o/_{oo}$; 1 Karte)

Nur wenn $|CHI| > 1oo.$ (bzw. No > o):

Zo(1)	Zo(2)	Zo(3)	Zo(4)	Zo(5)	Zo(6)	Zo(7)	Zo(8)

etc. (8 Nullinien pro Karte, max. 2 Karten)

3. SECTIO

SECTIO berechnet - zum Teil mit Hilfe von COMBIQ - Schwerlinien
ZSW(I), Flächen FLA(I) und Trägheitsmomente TRM(I) und druckt
sie aus. Zur Berechnung sämtlicher Rand- und Grenzfasern wird
ZFASER aufgerufen. (Vgl. COMMON /QUER/!)

4. COMBIQ(J,K1,K2)

COMBIQ dient zur Kombination der Querschnitte K1 und K2 zu
Querschnitt J und wird von SECTIO aufgerufen.

5. ZFASER

Siehe SECTIO bzw. COMMON /QUER/ !

6. GEBLST(KB,KE,KV)

GEBLST steuert die Berechnung der Gebrauchslastenzustände.

7. UNITAS(KB,KE,KV)

UNITAS berechnet Einheitsbelastungszustände. Dazu werden die
Unterprogramme VERTLG, UMLAGo, UMLAG1 und TEMPER aufgerufen und -
mittels UNIMAT - die jeweiligen Ergebnisse aus der Hilfsmatrix
A2(I,K) in die Matrix A3(I,J,K) umgespeichert.

8. VERTLG(AN,AM,IQ,KE)

VERTLG berechnet die Verteilungsgrößen aus den äußeren Belastun-

gen AN und AM, über das Unterprogramm SIGMAX die zugehörigen
Spannungen und, falls KE = 1 ist, die zugehörigen Dehnungen.

AN   gegebene Normalkraft

AM   gegebenes Moment

IQ   Querschnitt, auf den AN und AM wirken

9. UMLAGo

Hier werden Hilfswerte für die Ermittlung der Umlagerungsgrößen
berechnet und in den COMMON-Block /UMLG/ eingespeichert.

1o. UMLAG1(KU,KE)

KU = 1   Belastung wirkt konstant; Schwinden

KU = 2   Belastung wächst linear mit φ an

UMLAG1 berechnet zu vorgegebenen Betonschnittbelastungen die
Umlagerungsgrößen, über SIGMAX die zugehörigen Spannungsänderun-
gen und, falls KE = 1 ist, die zugehörigen Dehnungsänderungen.
Die Berechnung erfolgt nach den in [6] bzw. Abschnitt II.A.3
angegebenen genauen Formeln, wobei unterschieden wird, ob die
Stahlanteile ein Eigenträgheitsmoment aufweisen oder nicht.

11. TEMPER(KE)

Für einen Temperaturunterschied ΔT zwischen der (bewehrten)
Betonplatte einerseits und dem Stahlträger andererseits werden
die Verteilungsgrößen, über SIGMAX die zugehörigen Spannungen
und, falls KE = 1 ist, die zugehörigen Dehnungen einschließlich
des thermischen Anteils berechnet. Der Ausdehnungskoeffizient
wird für Stahl und Beton zu $\alpha_T = 12 \cdot 1o^{-6}$ angenommen.

12. SIGMAX

SIGMAX berechnet die Spannungen zu vorgegebenen Verteilungs-
und Umlagerungsgrößen.

13. UNIMAT

UNIMAT bewirkt das Einspeichern der Ergebnisse von VERTLG,
UMLAG1, TEMPER und SIGMAX in die Matrix A3(I,J,K).

14. CARICO(KE,KV)

Hier werden (wenn KB $\neq$ 1 ist) aus den Ergebnissen von UNIMAT
die Schnittbelastungen, Spannungen und gegebenenfalls Dehnungen
für Vorspannung, Schwinden, Kriechen und Temperaturdifferenz
und, falls KB = 2 ist, für vorgegebene Lasten PN(1$\div$5) und PM(1$\div$5)
berechnet und in die Matrix A3(I,J,K) eingespeichert.

15. GEBOUT(KB,KE,KV)

GEBOUT läßt die Ergebnisse der Gebrauchslastenberechnung aus-
drucken (Teilschnittkräfte, Spannungen und gegebenenfalls Dehnungen, die in der Matrix A3(I,J,K) enthalten sind).

16. WRITEG(ILA,ILE,II,J,K)

WRITEG wird für formal gleichbleibende Ausdruckvorgänge von
GEBOUT aufgerufen.

17. TRALST(KS,KB,KV,KT)

TRALST steuert die Berechnung der Grenztragfähigkeit. Wahlweise
können für No vorgegebene Lagen der Nullinie die Werte der Grenztragfähigkeit in einer Schleife berechnet werden oder für ein
durch CHI dargestelltes Belastungsverhältnis "Moment:Normalkraft"
die Nullinie iterativ aufgesucht werden.

18. PRIMAR(KS,KB,KV,NT1,NT2)

wenn KT = 1: NT1 = 1, NT2 = 1
wenn KT = 2: NT1 = 2, NT2 = 2
wenn KT = 3: NT1 = 1, NT2 = 2

Hier werden die (statisch wirksamen) Primärdehnungen ermittelt.
Ist eine Berechnung von Gebrauchslastenzuständen bereits voraus-
gegangen, so werden deren Ergebnisse verwendet, ansonsten müssen
sie über UNITAS und CARICO neu berechnet werden.

19. NULLIN(NITER,ZNL,V,CHo,IC)

NITER .. Zählvariable
ZNL .... verbesserte Lage der Nullinie
$V = \pm 1$. . Vorzeichen der Krümmung
CHo .... Ergebnis des vorhergegangenen Iterationsschrittes
IC ..... Kennzahl des untersuchten Intervalls

In NULLIN erfolgt die iterative Nulliniensuche. Dazu wird ent-
sprechend der folgenden Abbildung die z-Achse auf einen in der
Mitte der Querschnittshöhe berührenden Kreis projiziert, dessen
Durchmesser gleich der halben Querschnittshöhe ist.

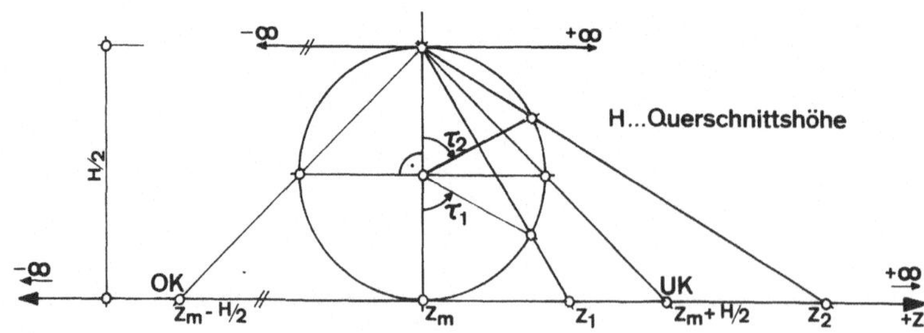

Abb. zu NULLIN

Jedem Punkt der z-Achse ist somit ein Zentriwinkel τ zugeordnet.
Nachdem ein Intervall festgelegt ist, in dem die gesuchte Nulllinie liegt, erfolgt - abweichend von Abschnitt III.A.9 - mit
Hilfe von QINTER die Iteration durch Einschalten einer quadra-
tischen Parabel. Der Algorithmus ist unabhängig davon, ob die

Nullinie innerhalb oder außerhalb des Querschnitts liegt. Je
nach dem geforderten Wert CHI und der Lage der jeweiligen Nulllinie wird auch das Vorzeichen der Krümmung (V = +1. ... positive
Krümmung) in NULLIN festgelegt. Es sei an dieser Stelle darauf
verwiesen, daß für gewisse Querschnitte nicht alle Werte von
CHI zwischen o und 4 möglich sind: Unter den Voraussetzungen
für die Berechnung der Grenztragfähigkeit kann z.B. ein Querschnitt mit einer exzentrisch liegenden Bewehrungslage nicht auf
reinen (zentrischen) Zug belastet werden. In solchen Fällen ver-
sagt die Iteration zwangsweise.

2o. QINTER

QINTER führt die quadratische Interpolation zwischen drei Stütz-
stellen durch und gibt die Nullstelle dieser Interpolations-
parabel, die im betrachteten Intervall liegt, als verbesserten
Wert τ an NULLIN zurück.

21. RESEPS

Unter Beachtung der Primärdehnungen und der Dehnungsbeschränkungen
wird nach Vorgabe eines Wertes ZNL für die Lage der Nullinie das
resultierende Dehnungsbild festgelegt.

22. SIGINT

Mit Hilfe der Unterprogramme TRABET, TRASTA, TRAEIS und TRAZUG
werden resultierende Normalkraft und Moment (bezüglich der ideellen Schwerlinie) berechnet.

23. TRABET

TRABET berechnet den Anteil des Betons an der Grenztragfähigkeit.

24. TRASTA

TRASTA berechnet den Anteil des Stahlträgers an der Grenztragfähigkeit.

25. TRAEIS

TRAEIS berechnet den Anteil der schlaffen Bewehrung an der Grenztragfähigkeit.

26. TRAZUG

TRAZUG berechnet den Anteil des Spannstahls an der Grenztragfähigkeit.

27. TRAOUT

Hier werden schließlich die Ergebnisse der Traglastberechnung
ausgedruckt.

28. - 31. Die FUNCTION-Unterprogramme

VB(Z,P)	berechnet $I_{b,V}$	nach Abschnitt III.A.5
SB(Z,P)	berechnet $I_{b,S}$	nach Abschnitt III.A.5
VS(Z,Z1,Z2,A)	berechnet $I_{s,V}$	nach Abschnitt III.A.6
SS(Z,Z1,Z2,A)	berechnet $I_{s,S}$	nach Abschnitt III.A.6

An den folgenden FORTRAN-Text des Programms CONMIX mit sämt-
lichen Unterprogrammen sind die Ausdrucke für die Zahlenbeispiele 5 und 7 angeschlossen. Dabei sind für die beiden Querschnitte
die folgenden Steuerkarten verwendet worden:

         5 / 3, 1, 1, o, 1 / 1, 3, o, o / 1.o
         7 / 3, 2, 1, o, 3 / 3, o, o, 1 / 1.o

```
REL P
            C       ===   HAUPTPROGRAMM CONMIX   ===
      0             COMMON    IRD,IWR
      0             COMMON /QUER/ NB,NS,NE,NZ,
      0           *               ZB(6),AB(6),BB(6),CB(6),ZS(12),AS(12),BS(12),
      0           *               ZE(6),FE(6),ZZ(4),FZ(4),VZ(4),
      0           *               Z(14),ZSW(11),FLA(11),TRM(11)
      0             COMMON /EPSG/ EB0,EZ0,PHI,EPS,DLT,SBD,SSZ(12),SSD(12),SEF,SZF,E(9)
      0             COMMON /LAST/ PN(5),PM(5),A2(10,3),A3(20,7,3)
      0             COMMON /UMLG/ ABA,RT,YA,YB,QA,DX,X1,X2,E1,E2
      0             COMMON /TRAG/ CHI,CH(3),N0,Z0(16)
      0             COMMON /TEXT/ ITX1,ITX2,IT(2)
      0             DIMENSION TITEL(20)
      0             IRD = 1
      2             IWR = 2
      4             READ (IRD,100) TITEL
     13             READ (IRD,101) NQ
     22             WRITE (IWR,299)
     26             WRITE (IWR,200) TITEL
     35             IF (NQ-1)  1,2,3
     43           1 NQ = 1
     45           2 WRITE (IWR,201)
     51             GO TO 9
     52           3 WRITE (IWR,202) NQ
     61           9 DO 10  N = 1,NQ
     63             CALL EINLES(KS,KB,KE,KV,KT)
     71             CALL SECTIO
     72             IF (KS.EQ.0)  GO TO 10
    100             IF (KS.NE.2)  CALL GEBLST(KB,KE,KV)
    111             IF (KS.NE.1)  CALL TRALST(KS,KB,KV,KT)
    123          10 CONTINUE
    130             WRITE (IWR,299)
    134             STOP CNMX
    136         100 FORMAT (20A4)
    140         101 FORMAT (I5)
    142         200 FORMAT
    142           1   (/////////////32X,17H*****************/32X,1H*,15X,1H*/
    156           2                   32X,17H*  C O N M I X  */32X,1H*,15X,1H*/
    166           3                   32X,17H*****************/////
    174           4             9X,16A4//33X,4A4////38X,5H* * *//////)
    204         201 FORMAT (32X,15H 1 QUERSCHNITT )
    212         202 FORMAT (29X,I5,14H QUERSCHNITTE )
    221         299 FORMAT(1H1)
    223             END

REL P
      0             SUBROUTINE EINLES(KS,KB,KE,KV,KT)
     10             COMMON    IRD,IWR
     10             COMMON /QUER/ NB,NS,NE,NZ,
     10           *               ZB(6),AB(6),BB(6),CB(6),ZS(12),AS(12),BS(12),
     10           *               ZE(6),FE(6),ZZ(4),FZ(4),VZ(4),
     10           *               Z(14),ZSW(11),FLA(11),TRM(11)
     10             COMMON /EPSG/ EB0,EZ0,PHI,EPS,DLT,SBD,SSZ(12),SSD(12),SEF,SZF,E(9)
     10             COMMON /LAST/ PN(5),PM(5),A2(10,3),A3(20,7,3)
     10             COMMON /TRAG/ CHI,CH(3),N0,Z0(16)
     10             DIMENSION IEE(7),EE(7)
     10             READ (IRD,100) NR,KS,KB,KE,KV,KT,NB,NS,NE,NZ,CHI
     55             IF (KT.LE.0)  KT = 3
     66             IF (KS.LT.2)  GO TO 4
     75             N0 = 0
```

```
  77            IF (ABS(CHI).LE.100.4999999)   GO TO 3
 105            NO = IFIX(ABS(CHI)-99.5)
 114            IF (NO.GT.16)   NO = 16
 123            GO TO 4
 124          1 CHI = CHI+4.
 127            GO TO 3
 130          2 CHI = CHI-4.
 133          3 IF (CHI.LT.0.)   GO TO 1
 140            IF (CHI.GE.4.)   GO TO 2
 145          4 IF (NB.GT.6)   NB = 6
 154            IF (NB.GT.0)   GO TO 5
 162            NB = 0
 164            NE = 0
 166            NZ = 0
 170          5 IF (NS.GT.12)   NS = 12
 177            IF (NS.LT.0)   NS = 0
 206            IF (NE.GT.6)   NE = 6
 215            IF (NE.LT.0)   NE = 0
 224            IF (NZ.GT.4)   NZ = 4
 233            IF (NZ.LE.0)   GO TO 7
 241            IF (NS.EQ.0)   GO TO 6
 247            IF (KV.EQ.1)   GO TO 8
 256          6 KV = 2
 261            GO TO 8
 262          7 NZ = 0
 264            KV = 0
 267          8 WRITE (IWR,200) NR
 276            WRITE (IWR,209)
 302         10 IF (NB.EQ.0)   GO TO 20
 310            READ (IRD,101) (ZB(N),AB(N),BB(N),CB(N),   N = 1,NB)
 357            WRITE (IWR,210)
 363            WRITE (IWR,211) (ZB(N),AB(N),BB(N),CB(N),   N = 1,NB)
 432         20 IF (NS.EQ.0)   GO TO 30
 440            READ (IRD,102) (ZS(N),AS(N),BS(N),   N = 1,NS)
 500            WRITE (IWR,220)
 504            WRITE (IWR,221) (ZS(N),AS(N),BS(N),   N = 1,NS)
 544         30 IF (NE.EQ.0)   GO TO 40
 552            READ (IRD,101) (ZE(N),FE(N),   N = 1,NE)
 603            WRITE (IWR,230)
 607            WRITE (IWR,231) (ZE(N),FE(N),   N = 1,NE)
 640         40 IF (NZ.EQ.0)   GO TO 50
 646            READ (IRD,102) (ZZ(N),FZ(N),VZ(N),   N = 1,NZ)
 706            WRITE (IWR,240)
 712            WRITE (IWR,241) (ZZ(N),FZ(N),VZ(N),   N = 1,NZ)
 752            IF (NS.EQ.0)   GO TO 50
 760            IF (KV.EQ.1)   WRITE (IWR,242)
 772            IF (KV.EQ.2)   WRITE (IWR,243)
1004         50 PHI = 0.
1006            DLT = 0.
1010            IF (NB.EQ.0)   GO TO 53
1016         51 READ (IRD,101) EB0,PHI,EPS,DLT,SBD,SEF,EZ0,SZF
1052            IF (EB0.LT..001)   EB0 = 350.
1060            IF (EZ0.LT..001)   EZ0 = 2100.
1066            IF (PHI.GE..001)   GO TO 52
1073            PHI = 0.
1075            EPS = 0.
1077            KT = 1
1102         52 IF (NS.EQ.0)   DLT = 0.
1111         53 IF (NS.GT.0.AND.KS.GT.1)
1127          *    READ (IRD,101) (SSZ(N),SSD(N),   N = 1,NS)
1161            IF (NS.EQ.0)   GO TO 55
1167            DO 54   N = 1,NS
1171            IF (SSD(N).GT.-.001)   SSD(N) = -SSZ(N)
1220         54 CONTINUE
1225         55 IF (NB.EQ.0)   GO TO 59
1233            WRITE (IWR,251) EB0,PHI,EPS
1250            IF (NS.GT.0)   WRITE (IWR,252) DLT
1264            IF (NZ.GT.0)   WRITE (IWR,253) EZ0
1300         59 IF (KS.EQ.0)   RETURN
1307         60 DO 61   I = 1,5
1311            PN(I) = 0.
1320         61 PM(I) = 0.
1334            IF (KB.LE.1)   GO TO 70
1343            READ (IRD,101) (PN(I),   I = 1,5)
1365            READ (IRD,101) (PM(I),   I = 1,5)
1407            IF (NS.GT.0)   GO TO 62
1415            PN(1) = 0.
```

```
1417          PM(1) = 0.
1421       62 IF (KV.GT.0)  GO TO 63
1430          PN(2) = 0.
1432          PM(2) = 0.
1434       63 WRITE (IWR,260)
1440          WRITE (IWR,261) (PN(I),  I = 1,5)
1462          WRITE (IWR,262) (PM(I),  I = 1,5)
1504       70 IF (KS.LE.1)  RETURN
1513       71 READ (IRD,101) (E(I),  I = 1,7)
1535          J = 0
1537          DO 73  I = 1,7
1541          IF (ABS(E(I)).GE..000000001)  GO TO 72
1553          E(I) = -1000000000000.*(-1)**I
1566          IF (I.EQ.6)  E(6) = 1000000000000.
1575          GO TO 73
1576       72 J = J+1
1601          IEE(J) = I
1607          EE(J) = E(I)
1623          E(I) = E(I)*.001
1634       73 CONTINUE
1641          E(9) = E(7)
1643          E(8) = -E(6)
1647          E(7) = E(6)
1651          E(6) = -E(5)
1655          IF (J.GT.0)  WRITE (IWR,270) (IEE(I),EE(I),  I = 1,J)
1712          IF (J.EQ.0)  WRITE (IWR,271)
1723          WRITE (IWR,275)
1727          IF (NB.GT.0)  WRITE (IWR,276) SBD
1743          IF (NE.GT.0)  WRITE (IWR,277) SEF
1757          IF (NZ.GT.0)  WRITE (IWR,278) SZF
1773          IF (NS.GT.0)  WRITE (IWR,279) (N,SSZ(N),SSD(N),  N = 1,NS)
2034       80 IF (NO.EQ.0)  RETURN
2042       81 READ (IRD,101) (ZO(N),  N = 1,NO)
2064          RETURN
2065      100 FORMAT (I10,5X,5I5,5X,4I5,5X,F10.0)
2073      101 FORMAT (8F10.0)
2076      102 FORMAT (3F10.0,10X,3F10.0,10X)
2104      200 FORMAT (1H1///19X,$ Q U E R S C H N I T T   N R. $,I10/
2116        *          19X,$ ****+*+*+******+*******+*****+****** $//)
2131      209 FORMAT (5X,$ GEOMETRIE DES QUERSCHNITTS $)
2141      210 FORMAT( /$    BETON      ZB(CM)    AB(CM)    BB(CM)    CB(CM) $,
2153        *                     $    ZB(CM)    AB(CM)    BB(CM)    CB(CM) $)
2164      211 FORMAT (11X,4F8.2,2X,4F8.2)
2171      220 FORMAT (/$    ST.-TR.    ZS(CM)    AS(CM)    BS(CM) $,8X,
2202        *                     $    ZS(CM)    AS(CM)    BS(CM) $)
2211      221 FORMAT (11X,3F8.2,10X,3F8.2)
2217      230 FORMAT (/$    SL. BW.    ZE(CM)    FE(CM2) $,15X,
2227        *                     $    ZE(CM)    FE(CM2) $)
2234      231 FORMAT (11X,2F8.2,18X,2F8.2)
2242      240 FORMAT (/$    SP.-ST.    ZZ(CM)    FZ(CM2)   VSP.-KR.(MP)    $,
2254        *                     $    ZZ(CM)    FZ(CM2)   VSP.-KR.(MP)    $)
2265      241 FORMAT (11X,2F8.2,F11.2,7X,2F8.2,F11.2)
2275      242 FORMAT (/10X,$ (VORSPANNUNG VOR VERBUND) $)
2306      243 FORMAT (/10X,$ (VORSPANNUNG NACH VERBUND) $)
2317      251 FORMAT (//5X,$ E-MODUL (BETON)     EB0 = $,F6.1,$ MP/CM2 $
2331        *         /5X,$ KRIECHZAHL          PHI = $,F8.3
2341        *         /5X,$ SCHWINDMASS         EPS = $,F11.6)
2351      252 FORMAT (  5X,$ UNGL. ERWAERMUNG    DLT = $,F6.1,$ GRAD $)
2364      253 FORMAT (  5X,$ E-MODUL (SPST.)     EZ0 = $,F6.1,$ MP/CM2 $)
2377      260 FORMAT (//5X,$ VORGEGEBENE BELASTUNGEN $/)
2407      261 FORMAT (3X,$ N $,3X,5F10.3)
2414      262 FORMAT (3X,$ M $,3X,5F10.3)
2421      270 FORMAT (//5X,$ DEHNUNGSBESCHRAENKUNGEN IN 0/00 $//3X,7(I5,F7.3))
2436      271 FORMAT (//5X,$ UNBESCHRAENKTE DEHNUNGEN $)
2446      275 FORMAT (//5X,$ GRENZ- BZW. FLIESSSPANNUNGEN IN MP/CM2 $/)
2461      276 FORMAT (10X,$ BETON $,F6.3)
2466      277 FORMAT (1H+,22X,$,    SL. BEW. $,F6.3)
2476      278 FORMAT (1H+,42X,$,    SPANNST. $,F7.3)
2506      279 FORMAT (10X,$ STAHLTRAEGERTEILE $,4(/3X,3(I3,2X,F6.3,$ /$,F7.3)))
2523          END


REL P
    0          SUBROUTINE SECTIO
    1          COMMON    IRD,IWR
    1          COMMON /QUER/ NB,NS,NE,NZ,
    1        *              ZB(6),AB(6),BB(6),CB(6),ZS(12),AS(12),BS(12),
    1        *              ZE(6),FE(6),ZZ(4),FZ(4),VZ(4),
```

```
    1                *               Z(14),ZSW(11),FLA(11),TRM(11)
    1              COMMON /EPSG/ EB0,EZ0,PHI,EPS,DLT,SBD,SSZ(12),SSD(12),SEF,SZF,E(9)
    1              QBS = EB0/2100.
    4              QZS = EZ0/2100.
    7              DO 1  I = 1,11
   11              ZSW(I) = 0.
   20              FLA(I) = 0.
   27            1 TRM(I) = 0.
        C      1    *     BETON
   43           10 IF (NB.EQ.0)  GO TO 30
   51              STAMOM = 0.
   53              DO11  N = 1,NB
   55              DF = AB(N)*(BB(N)+CB(N))/2.
  100              DS = AB(N)**2*(BB(N)+2.*CB(N))/6.+DF*ZB(N)
  140              DT = AB(N)**3*(BB(N)+3.*CB(N))/12.+DF*ZB(N)*(2.*DS/DF-ZB(N))
  207              FLA(1) = FLA(1)+DF
  212              STAMOM = STAMOM+DS
  215           11 TRM(1) = TRM(1)+DT
  225              ZSW(1) = STAMOM/FLA(1)
  230              TRM(1) = TRM(1)-FLA(1)*ZSW(1)**2
        C      2    *     BETON, REDUZIERT
  240           20 ZSW(2) = ZSW(1)
  242              FLA(2) = FLA(1)*QBS
  245              TRM(2) = TRM(1)*QBS
        C      3    *     STAHLTRAEGER
  250           30 IF (NS.EQ.0)  GO TO 40
  256              STAMOM = 0.
  260              DO 31  N = 1,NS
  262              DF = AS(N)*BS(N)
  277              DS = AS(N)**2*BS(N)/2.+DF*ZS(N)
  327              DT = AS(N)**3*BS(N)/3.+DF*ZS(N)*(2.*DS/DF-ZS(N))
  366              FLA(3) = FLA(3)+DF
  371              STAMOM = STAMOM+DS
  374           31 TRM(3) = TRM(3)+DT
  404              ZSW(3) = STAMOM/FLA(3)
  407              TRM(3) = TRM(3)-FLA(3)*ZSW(3)**2
        C      4    *     SCHLAFFE BEWEHRUNG
  417           40 IF (NE.EQ.0)  GO TO 50
  425              STAMOM = 0.
  427              DO 41  N = 1,NE
  431              FLA(4) = FLA(4)+FE(N)
  441              STAMOM = STAMOM+FE(N)*ZE(N)
  457           41 TRM(4) = TRM(4)+FE(N)*ZE(N)**2
  504              ZSW(4) = STAMOM/FLA(4)
  507              TRM(4) = TRM(4)-FLA(4)*ZSW(4)**2
        C      5    *     SPANNSTAHL
  517           50 IF (NZ.EQ.0)  GO TO 70
  525              STAMOM = 0.
  527              DO 51  N= 1,NZ
  531              FLA(5) = FLA(5)+FZ(N)
  541              STAMOM = STAMOM+FZ(N)*ZZ(N)
  557           51 TRM(5) = TRM(5)+FZ(N)*ZZ(N)**2
  604              ZSW(5) = STAMOM/FLA(5)
  607              TRM(5) = TRM(5)-FLA(5)*ZSW(5)**2
        C      6    *     SPANNSTAHL, REDUZIERT
  617           60 ZSW(6) = ZSW(5)
  621              FLA(6) = FLA(5)*QZS
  624              TRM(6) = TRM(5)*QZS
        C      7    *     VERBUNDQUERSCHNITT OHNE SPANNSTAHL
  627           70 CALL COMBIQ(9,2,3)
  633              CALL COMBIQ(7,9,4)
        C      8    *     GESAMT-STAHLQUERSCHNITT
  637           80 CALL COMBIQ(9,3,4)
  643              CALL COMBIQ(8,9,6)
        C      9    *     BETON + SCHLAFFE BEWEHRUNG
  647           90 CALL COMBIQ(9,2,4)
        C     10    *     BETON + SCHLAFFE BEWEHRUNG + SPANNSTAHL
  653          100 CALL COMBIQ(10,6,9)
        C     11    *     VERBUNDQUERSCHNITT
  657          110 CALL COMBIQ(11,2,8)
  663              CALL ZFASER
  664              WRITE (IWR,200)
  670              WRITE (IWR,222) (I,ZSW(I),FLA(I),TRM(I),  I = 1,11)
  733              RETURN
  734          200 FORMAT (//5X,$ QUERSCHNITTSWERTE $,5X,
  742              *         $ SCHWERLINIE        FLAECHE    TRAEGHEITSM. $/
  753              *              36X,$ (CM)          (CM2)          (CM4) $/)
```

```
 765        222 FORMAT (21X,I2,3X,F15.4,F15.3,F15.2)
 774            END

REL P
   0            SUBROUTINE COMBIQ(J,K1,K2)
   6            COMMON /QUER/ NB,NS,NE,NZ,
   6           *              ZB(6),AB(6),BB(6),CB(6),ZS(12),AS(12),BS(12),
   6           *              ZE(6),FE(6),ZZ(4),FZ(4),VZ(4),
   6           *              Z(14),ZSW(11),FLA(11),TRM(11)
   6          FLA(J) = FLA(K1)+FLA(K2)
  33          ZSW(J) = (FLA(K1)*ZSW(K1)+FLA(K2)*ZSW(K2))/FLA(J)
 104          TRM(J) = TRM(K1)+FLA(K1)*ZSW(K1)**2+TRM(K2)+FLA(K2)*ZSW(K2)**2
 104           *              -FLA(J)*ZSW(J)**2
 204            RETURN
 205            END

REL P
   0            SUBROUTINE ZFASER
   1            COMMON /QUER/ NB,NS,NE,NZ,
   1           *              ZB(6),AB(6),BB(6),CB(6),ZS(12),AS(12),BS(12),
   1           *              ZE(6),FE(6),ZZ(4),FZ(4),VZ(4),
   1           *              Z(14),ZSW(11),FLA(11),TRM(11)
   1            DO 1  I = 1,5,2
   3            Z(I) = 10000.
  12          1 Z(I+1) = -10000.
  26            Z(11) = 10000.
  30            Z(12) = -10000.
  32         10 IF (NB.EQ.0)  GO TO 20
  40            DO 11  N = 1,NB
  42            Z1 = ZB(N)
  51            Z2 = Z1+AB(N)
  61            Z(1) = AMIN1(Z1,Z(1))
  66         11 Z(2) = AMAX1(Z2,Z(2))
 100         20 IF (NS.EQ.0)  GO TO 30
 106            DO 21  N = 1,NS
 110            Z1 = ZS(N)
 117            Z2 = Z1+AS(N)
 127            Z(3) = AMIN1(Z1,Z(3))
 134         21 Z(4) = AMAX1(Z2,Z(4))
 146         30 IF (NE.EQ.0)  GO TO 40
 154            DO 31  N = 1,NE
 156            Z(5) = AMIN1(ZE(N),Z(5))
 167         31 Z(6) = AMAX1(ZE(N),Z(6))
 205         40 IF (NZ.EQ.0)  GO TO 100
 213            DO 41  N = 7,10
 215         41 Z(N) = 0.
 231            DO 42  N = 1,NZ
 233            Z(N+6) = ZZ(N)
 247            Z(11) = AMIN1(ZZ(N),Z(11))
 260         42 Z(12) = AMAX1(ZZ(N),Z(12))
 276        100 Z(13) = AMIN1(Z(3),Z(5),Z(11))
 304            Z(14) = AMAX1(Z(4),Z(6),Z(12))
 312            Z(11) = AMAX1(Z(1),Z(13))
 317            Z(12) = AMIN1(Z(2),Z(14))
 324            Z(13) = AMIN1(Z(1),Z(13))
 331            Z(14) = AMAX1(Z(2),Z(14))
 336            RETURN
 337            END

REL P
   0            SUBROUTINE GEBLST(KB,KE,KV)
   6            COMMON    IRD,IWR
   6            COMMON /QUER/ NB,NS,NE,NZ,
   6           *              ZB(6),AB(6),BB(6),CB(6),ZS(12),AS(12),BS(12),
   6           *              ZE(6),FE(6),ZZ(4),FZ(4),VZ(4),
   6           *              Z(14),ZSW(11),FLA(11),TRM(11)
   6          COMMON /EPSG/ EB0,EZ0,PHI,EPS,DLT,SBD,SSZ(12),SSD(12),SEF,SZF,E(9)
   6          COMMON /LAST/ PN(5),PM(5),A2(10,3),A3(20,7,3)
   6          COMMON /UMLG/ ABA,RT,YA,YB,QA,DX,X1,X2,E1,E2
   6          COMMON /TEXT/ ITX1,ITX2,IT(2)
   6          CALL UNITAS(KB,KE,KV)
  12          IF (KB.NE.1)  CALL CARICO(KE,KV)
  23          CALL GEBOUT(KB,KE,KV)
  27            RETURN
  30            END
```

```
REL  P
     0              SUBROUTINE UNITAS(KB,KE,KV)
     6              COMMON /QUER/ NB,NS,NE,NZ,
     6          *              ZB(6),AB(6),BB(6),CB(6),ZS(12),AS(12),BS(12),
     6          *              ZE(6),FE(6),ZZ(4),FZ(4),VZ(4),
     6          *              Z(14),ZSW(11),FLA(11),TRM(11)
     6              COMMON /EPSG/ EB0,EZ0,PHI,EPS,DLT,SBD,SSZ(12),SSD(12),SEF,SZF,E(9)
     6              COMMON /LAST/ PN(5),PM(5),A2(10,3),A3(20,7,3)
     6              COMMON /UMLG/ ABA,RT,YA,YB,QA,DX,X1,X2,E1,E2
     6              DO 1   K = 1,3
    10              DO 1   J = 1,7
    12              DO 1   I = 1,10
    14              A3(I,J,K) = 0.
    27            1 A3(I+10,J,K) = 0.
    61              IF (PHI.GE..001)  CALL UMLAG0
    66              DO 69  L = 1,2
    70              L1 = (L-1)*10
    74              AN = FLOAT(2-L)
   102              AM = FLOAT(L-1)*100.
   111           10 IF (NS.EQ.0.OR.KB.EQ.0)  GO TO 20
   130              CALL VERTLG(AN,AM,3,KE)
   135              CALL UNIMAT(L1,1,KE)
   141           20 IF (KV.EQ.0)  GO TO 40
   150              IQ = 1,-2*KV
   157              CALL VERTLG(AN,AM,IQ,KE)
   164              CALL UNIMAT(L1,2,KE)
   170           30 IF (PHI.LT..001)  GO TO 40
   175              CALL UMLAG1(1,KE)
   200              CALL UNIMAT(L1,3,KE)
   204           40 IF (KB.EQ.0)  GO TO 69
   213              CALL VERTLG(AN,AM,11,KE)
   220              CALL UNIMAT(L1,4,KE)
   224           50 IF (PHI.LT..001)  GO TO 69
   231              CALL UMLAG1(1,KE)
   234              CALL UNIMAT(L1,5,KE)
   240           60 A2(1,1) = A3(L1+1,4,1)
   247              A2(2,1) = A3(L1+2,4,1)
   256              CALL UMLAG1(2,KE)
   261              CALL UNIMAT(L1,6,KE)
   265           69 CONTINUE
   272           70 IF (EPS.LT..0000001)  GO TO 75
   277              A2(1,1) = -2100.*EPS*FLA(2)/PHI
   304              A2(2,1) = 0.
   306              CALL UMLAG1(1,KE)
   311              CALL UNIMAT(0,7,KE)
   315           75 IF (NS.EQ.0.OR.NB.EQ.0)  RETURN
   333              CALL TEMPER(KE)
   335              CALL UNIMAT(10,7,KE)
   341              RETURN
   342              END

REL  P
     0              SUBROUTINE VERTLG(AN,AM,IQ,KE)
     7              COMMON /QUER/ NB,NS,NE,NZ,
     7          *              ZB(6),AB(6),BB(6),CB(6),ZS(12),AS(12),BS(12),
     7          *              ZE(6),FE(6),ZZ(4),FZ(4),VZ(4),
     7          *              Z(14),ZSW(11),FLA(11),TRM(11)
     7              COMMON /EPSG/ EB0,EZ0,PHI,EPS,DLT,SBD,SSZ(12),SSD(12),SEF,SZF,E(9)
     7              COMMON /LAST/ PN(5),PM(5),A2(10,3),A3(20,7,3)
     7              DO 1   I = 1,10
    11            1 A2(I,1) = 0.
    25              IF (IQ.NE.3)  GO TO 20
    34           10 A2(3,1) = AN
    37              A2(4,1) = AM
    42              GO TO 50
    43           20 DO 21  I = 1,3
    45              L = I+1
    50              K = I*2
    53              J = K-1
    56              A2(J,1) = AN*FLA(L)/FLA(IQ)+AM*(ZSW(L)-ZSW(IQ))*FLA(L)/TRM(IQ)
   132           21 A2(K,1) = AM*TRM(L)/TRM(IQ)
   164              IF (IQ-9)  50,30,40
   173           30 A2(3,1) = 0.
   175              A2(4,1) = 0.
   177              GO TO 50
   200           40 A2(7,1) = AN*FLA(6)/FLA(IQ)+AM*(ZSW(6)-ZSW(IQ))*FLA(6)/TRM(IQ)
   234              A2(8,1) = AM*TRM(6)/TRM(IQ)
```

```
247        50 CALL SIGMAX
250           IF (KE.EQ.0)  RETURN
257        60 A2(1,3) = A2(1,2)/EB0
262           A2(2,3) = A2(2,2)/EB0
265           DO 61  I = 3,6
267        61 A2(I,3) = A2(I,2)/2100.
311           IF (NZ.EQ.0)  RETURN
317           NN = NZ+6
322           DO 62  I = 7,NN
324        62 A2(I,3) = A2(I,2)/EZ0
346           RETURN
347           END

REL P
  0           SUBROUTINE UMLAG0
  1           COMMON /QUER/ NB,NS,NE,NZ,
  1          *              ZB(6),AB(6),BB(6),CB(6),ZS(12),AS(12),BS(12),
  1          *              ZE(6),FE(6),ZZ(4),FZ(4),VZ(4),
  1          *              Z(14),ZSW(11),FLA(11),TRM(11)
  1          COMMON /EPSG/ EB0,EZ0,PHI,EPS,DLT,SBD,SSZ(12),SSD(12),SEF,SZF,F(9)
  1          COMMON /LAST/ PN(5),PM(5),A2(10,3),A3(20,7,3)
  1          COMMON /UMLG/ ABA,RT,YA,YB,QA,DX,X1,X2,E1,E2
  1           ABA = ZSW(8)-ZSW(2)
  4           IF (TRM(8).GE..0001)  GO TO 20
 11        10 RT = TRM(2)+FLA(2)*ABA*ABA
 16           YA = (FLA(8)*RT)/(FLA(11)*TRM(11))*PHI
 26           E1 = 1.-EXP(-YA)
 40           RETURN
 41        20 RT = TRM(2)/TRM(8)
 44           YA = (FLA(8)*TRM(8))/(FLA(11)*TRM(11))
 53           YB = (FLA(2)*TRM(2))/(FLA(11)*TRM(11))
 62           QA = 1.+YA-YB
 66           DX = SQRT(QA*QA-4.*YA)
100           X1 = (-QA+DX)/2.
104           X2 = (-QA-DX)/2.
112           E1 = EXP(X1*PHI)
120           E2 = EXP(X2*PHI)
126           RETURN
127           END

REL P
  0           SUBROUTINE UMLAG1(KU,KE)
  5           COMMON /QUER/ NB,NS,NE,NZ,
  5          *              ZB(6),AB(6),BB(6),CB(6),ZS(12),AS(12),BS(12),
  5          *              ZE(6),FE(6),ZZ(4),FZ(4),VZ(4),
  5          *              Z(14),ZSW(11),FLA(11),TRM(11)
  5          COMMON /EPSG/ EB0,EZ0,PHI,FPS,DLT,SBD,SSZ(12),SSD(12),SEF,SZF,E(9)
  5          COMMON /LAST/ PN(5),PM(5),A2(10,3),A3(20,7,3)
  5          COMMON /UMLG/ ABA,RT,YA,YB,QA,DX,X1,X2,E1,E2
  5           NN = NZ+6
 10           AN0 = A2(1,1)
 12           AM0 = A2(2,1)
 14           DO 1  I = 1,10
 16           A2(I,1) = 0.
 25         1 A2(I,3) = 0.
 41           IF (TRM(8).GE..0001)  GO TO 20
 46        10 IF (KU.EQ.2)  E1 = 1.-E1/YA
 62           DNA = (AN0+AM0*ABA*FLA(2)/TRM(2))*E1*TRM(2)/RT
 73           DNB = -DNA
 77           DMB = DNB*ABA
102           A2(1,1) = DNB
104           A2(2,1) = DMB
106           A2(5,1) = DNA*FLA(4)/FLA(8)
112           A2(7,1) = DNA*FLA(6)/FLA(8)
116           CALL SIGMAX
117           IF (KE.EQ.0)  GO TO 19
126           F1 = PHI/FLOAT(KU)
134           F2 = (YA/FLOAT(KU)-E1)/(YA*E1)*PHI+1.
151           XE = (AN0*F1+DNB*F2)/FLA(2)/2100.
162           XK = (AM0*F1+DMB*F2)/TRM(2)/2100.
173           A2(1,3) = XE+XK*(Z(1)-ZSW(2))
200           A2(2,3) = XE+XK*(Z(2)-ZSW(2))
205           N = 5
207           IF (NE.EQ.0)  N = 7
216           DO 18  I = N,NN
220        18 A2(I,3) = DNA/FLA(8)/2100.
236        19 IF (KU.EQ.2)  E1 = (1.-E1)*YA
```

```
250        RETURN
251     20 IF (KU.EQ.2)  GO TO 22
260     21 F1 = (X2*(1.+RT)+1.)*E1/(RT*X2)
272        F2 = (X1*(1.+RT)+1.)*E2/(RT*X1)
304        AN = 1.
306        BN = 0.
310        AM = 1.
312        BM = 1.
314        GO TO 23
315     22 F1 = -(1.+(X1+YA)/(RT*YA)-1./X1-FLA(11)/FLA(8))*E1
340        F2 = -(1.+(X2+YA)/(RT*YA)-1./X2-FLA(11)/FLA(8))*E2
363        AN = PHI-(1.-YB)/YA
372        BN = RT
374        AM = PHI+FLA(11)/FLA(8)-QA/YA
404        BM = PHI-RT-1.
410        E1 = E1/X1
413        E2 = E2/X2
416        ANO = ANO/PHI
421        AMO = AMO/PHI
424     23 FNA = -ANO*(AN+(E1*(X2+YA)-E2*(X1+YA))/DX)
442        FNB = -ANO*(BN+RT*YA*(E1-E2)/DX)
456        FMA =  AMO*(AM+(F1*(X2+YA)-F2*(X1+YA))/DX)
472        FMB = -AMO*(BM-RT*YA*(F1-F2)/DX)
504     24 IF (KU.EQ.1)  GO TO 25
513        E1 = E1*X1
516        E2 = E2*X2
521     25 DNA = -FNA-FNB
526        IF (ABS(ABA).GE..0001)  DNA = DNA-(FMA+FMB)/ABA
542        DNB = -DNA
546        DMA = FMA+ABA*FNA
552        DMB = FMB+ABA*FNB
556     26 A2(1,1) = DNB
560        A2(2,1) = DMB
562        A2(3,1) = DNA*FLA(3)/FLA(8)+DMA*(ZSW(3)-ZSW(8))*FLA(3)/TRM(8)
575        A2(4,1) = DMA*TRM(3)/TRM(8)
601        A2(5,1) = DNA*FLA(4)/FLA(8)+DMA*(ZSW(4)-ZSW(8))*FLA(4)/TRM(8)
614        A2(6,1) = DMA*TRM(4)/TRM(8)
620        A2(7,1) = DNA*FLA(6)/FLA(8)+DMA*(ZSW(6)-ZSW(8))*FLA(6)/TRM(8)
633        A2(8,1) = DMA*TRM(6)/TRM(8)
637     27 CALL SIGMAX
640        IF (KE.EQ.0)  RETURN
647     30 XE = DNA/FLA(8)/2100.
653        XK = DMA/TRM(8)/2100.
657        DO 31  I = 1,NN
661     31 A2(I,3) = XE+XK*(Z(I)-ZSW(8))
705        IF (NS.GT.0)  GO TO 32
713        A2(3,3) = 0.
715        A2(4,3) = 0.
717     32 IF (NE.GT.0)  RETURN
725        A2(5,3) = 0.
727        A2(6,3) = 0.
731        RETURN
732        END

REL P
  0        SUBROUTINE TEMPER(KE)
  4        COMMON /QUER/ NB,NS,NE,NZ,
  4       *              ZB(6),AB(6),BB(6),CB(6),ZS(12),AS(12),BS(12),
  4       *              ZE(6),FE(6),ZZ(4),FZ(4),VZ(4),
  4       *              Z(14),ZSW(11),FLA(11),TRM(11)
  4        COMMON /EPSG/ EB0,EZ0,PHI,FPS,DLT,SBD,SSZ(12),SSD(12),SEF,SZF,E(9)
  4        COMMON /LAST/ PN(5),PM(5),A2(10,3),A3(20,7,3)
  4        A = ZSW(3)-ZSW(10)
  7        S = A*(FLA(3)*FLA(10))/(FLA(11)*TRM(11))*.0252*DLT
 21        TMS = TRM(3)*S
 24        TMP = TRM(10)*S
 27        TNS = -(TMS+TMP)/A
 35        TNP = -TNS
 41        DO 1  I = 2,6,2
 43        J = I+1
 46        IF (I.EQ.2)  J = I-1
 56        A2(J,1) = TNP*FLA(I)/FLA(10)+
 56       *          TMP*(ZSW(I)-ZSW(10))*FLA(I)/TRM(10)
111      1 A2(J+1,1) = TMP*TRM(I)/TRM(10)
134        A2(3,1) = TNS
136        A2(4,1) = TMS
140        CALL SIGMAX
```

```
141             IF (KE.EQ.0)  RETURN
150             DO 2  I = 1,10
152           2 A2(I,3) = 0.
166             DO 3  I = 1,2
170             A2(I,3) = A2(I,2)/EB0
205             A2(I+2,3) = A2(I+2,2)/2100.+.000012*DLT
226           3 A2(I+4,3) = A2(I+4,2)/2100.
250             IF (NZ.EQ.0)  RETURN
256             NN = NZ+6
261             DO 4  I = 7,NN
263           4 A2(I,3) = A2(I,2)/EZ0
305             RETURN
306             END

REL P
  0             SUBROUTINE SIGMAX
  1             COMMON /QUER/ NB,NS,NE,NZ,
  1       *                 ZB(6),AB(6),BB(6),CB(6),ZS(12),AS(12),BS(12),
  1       *                 ZE(6),FE(6),ZZ(4),FZ(4),VZ(4),
  1       *                 Z(14),ZSW(11),FLA(11),TRM(11)
  1             COMMON /LAST/ PN(5),PM(5),A2(10,3),A3(20,7,3)
  1             DO 1  J = 1,10
  3           1 A2(J,2) = 0.
 17             JJ = 1
 21             DO 10  I1 = 2,5
 23             I = I1
 25             IF (I.EQ.2)  I = 1
 34             IF (FLA(I).LT..0001)  GO TO 10
 46             IF (I.EQ.5)  JJ = NZ-1
 56             J1 = I1*2-3
 62             J2 = J1+JJ
 65             SN = A2(J1,1)/FLA(I)
102             SM = 0.
104             IF (TRM(I).GE..0001)  SM = A2(J1+1,1)/TRM(I)
132             DO 9  J = J1,J2
134           9 A2(J,2) = SN+SM*(Z(J)-ZSW(I))
165          10 CONTINUE
172             RETURN
173             END

REL P
  0             SUBROUTINE UNIMAT(L,J,KE)
  6             COMMON /LAST/ PN(5),PM(5),A2(10,3),A3(20,7,3)
  6             KE = KE+2
 13             DO 1  K = 1,KE
 15             DO 1  I = 1,10
 17             IL = I+L
 23           1 A3(IL,J,K) = A2(I,K)
 61             KE = KE-2
 66             RETURN
 67             END

REL P
  0             SUBROUTINE CARICO(KE,KV)
  5             COMMON /QUER/ NB,NS,NE,NZ,
  5       *                 ZB(6),AB(6),BB(6),CB(6),ZS(12),AS(12),BS(12),
  5       *                 ZE(6),FE(6),ZZ(4),FZ(4),VZ(4),
  5       *                 Z(14),ZSW(11),FLA(11),TRM(11)
  5             COMMON /EPSG/ EB0,EZ0,PHI,EPS,DLT,SBD,SSZ(12),SSD(12),SEF,SZF,E(9)
  5             COMMON /LAST/ PN(5),PM(5),A2(10,3),A3(20,7,3)
  5             KE = KE+2
 12             NN = NZ+6
 15             VN = 0.
 17             VM = 0.
 21             IF (KV.EQ.0)  GO TO 9
 30             IQ = 11-2*KV
 37             DO 1  N = 1,NZ
 41             VN = VN-VZ(N)
 51           1 VM = VM-VZ(N)*(ZZ(N)-ZSW(IQ))*.01
105           9 DO 100  K = 1,KE
107             DO 100  IA = 1,NN
111             IF (K.EQ.1.AND.IA.GT.8)  GO TO 100
130             IB = IA+10
133          10 A3(IA,1,K) = A3(IA,1,K)*PN(1)+A3(IB,1,K)*PM(1)
162             A3(IB,1,K) = A3(IA,1,K)
203          20 A2(IA,1) = A3(IA,2,K)
222             A2(IA,2) = A3(IB,2,K)
```

```
241            A3(IA,2,K) = A2(IA,1)*PN(2)+A2(IA,2)*PM(2)
272            A3(IB,2,K) = A3(IA,3,K)*PN(2)+A3(IB,3,K)*PM(2)+A3(IA,2,K)
333         30 A2(IA,3) = A3(IA,3,K)
352            A3(IA,3,K) = A2(IA,1)*VN+A2(IA,2)*VM
403            A3(IB,3,K) = A2(IA,3)*VN+A3(IB,3,K)*VM+A3(IA,3,K)
440         40 A2(IA,1) = A3(IA,4,K)
457            A2(IA,2) = A3(IB,4,K)
476            A3(IA,4,K) = A2(IA,1)*PN(3)+A2(IA,2)*PM(3)
527            A3(IB,4,K) = A3(IA,4,K)
550         50 A2(IA,3) = A3(IA,5,K)
567            A3(IA,5,K) = A2(IA,1)*PN(4)+A2(IA,2)*PM(4)
620            A3(IB,5,K) = A2(IA,3)*PN(4)+A3(IB,5,K)*PM(4)+A3(IA,5,K)
655         60 A2(IA,3) = A3(IA,6,K)
674            A3(IA,6,K) = A2(IA,1)*PN(5)+A2(IA,2)*PM(5)
725            A3(IB,6,K) = A2(IA,3)*PN(5)+A3(IB,6,K)*PM(5)+A3(IA,6,K)
762        100 CONTINUE
775            KE = KE-2
1002           IF (KV.EQ.0)  GO TO 140
1011       110 A3(7,3,1) = -VN
1015           A3(8,3,1) = -VN*(ZSW(IQ)-ZSW(6))-VM*100.
1034           A3(17,3,1) = A3(17,3,1)+A3(7,3,1)
1037           A3(18,3,1) = A3(18,3,1)+A3(8,3,1)
1042       120 DO 121  N = 1,NZ
1044           A3(N+6,3,2) = VZ(N)/FZ(N)
1065       121 A3(N+16,3,2) = A3(N+16,3,2)+A3(N+6,3,2)
1110           IF (KE.EQ.0)  GO TO 140
1117       130 DO 131  N = 1,NZ
1121           A3(N+6,3,3) = A3(N+6,3,2)/EZ0
1136       131 A3(N+16,3,3) = A3(N+16,3,2)/EZ0
1160       140 DO 141  J = 1,3
1162           DO 141  I = 1,10
1164       141 A2(I,J) = 0.
1207           RETURN
1210           END

REL P
   0            SUBROUTINE GEBOUT(KB,KE,KV)
   6            COMMON    IRD,IWR
   6            COMMON /QUER/ NB,NS,NE,NZ,
   6           *              ZB(6),AB(6),BB(6),CB(6),ZS(12),AS(12),BS(12),
   6           *              ZE(6),FE(6),ZZ(4),FZ(4),VZ(4),
   6           *              Z(14),ZSW(11),FLA(11),TRM(11)
   6            COMMON /EPSG/ EB0,EZ0,PHI,EPS,DLT,SBD,SSZ(12),SSD(12),SEF,SZF,E(9)
   6            COMMON /LAST/ PN(5),PM(5),A2(10,3),A3(20,7,3)
   6            COMMON /TEXT/ ITX1,ITX2,IT(2)
   6            DIMENSION KENN(6)
   6            KE = KE+2
  13            DO 1  J = 1,6
  15          1 KENN(J) = 2
  30            DO 3  J = 1,7
  32            DO 2  I = 2,18,2
  34          2 A3(I,J,1) = A3(I,J,1)*.01
  54            DO 3  I = 1,20
  56          3 A3(I,J,2) = A3(I,J,2)*1000.
 103            IF (KE.LT.3)  GO TO 5
 112            DO 4  J = 1,7
 114            DO 4  I = 1,20
 116          4 A3(I,J,3) = A3(I,J,3)*1000.
 143          5 IF (KB.EQ.2)  GO TO 20
 152         10 IT(1) = 5HN = 1
 154            IT(2) = 5HM = 1
 156            IF (NS.EQ.0)  KENN(1) = 0
 165            IF (KV.NE.0)  GO TO 18
 174            KENN(2) = 0
 176            KENN(3) = 0
 200         18 IF (PHI.GE..001)  GO TO 100
 205            KENN(3) = 0
 207            KENN(5) = 0
 211            KENN(6) = 0
 213         20 IT(1) = 5HT = 0
 215            IT(2) = 5HT = U
 217            KENN(1) = 1
 221            KENN(4) = 1
 223            IF (NS.EQ.0)  KENN(1) = 0
 232            IF (KV.NE.0)  GO TO 28
 241            KENN(2) = 0
 243            KENN(3) = 0
```

```
245        28 IF (PHI.GE..001)  GO TO 100
252           IF (KV.EQ.0)  GO TO 29
261           KENN(2) = 1
263           KENN(3) = 1
265        29 KENN(5) = 1
267           KENN(6) = 1
271       100 DO 190   K = 1,KE
273           IF (K-2)   101,102,103
301       101 WRITE (IWR,201)
305           NN = 8
307           ITX1 = 5H    N
311           ITX2 = 5H    M
313           GO TO 110
314       102 WRITE (IWR,202)
320           GO TO 109
321       103 WRITE (IWR,203)
325       109 NN = NZ+6
330           ITX1 = 5H   OK
332           ITX2 = 5H   UK
334       110 WRITE (IWR,210)
340           DO 119   J = 1,6
342           IF (KENN(J).EQ.0)  GO TO 119
354           WRITE (IWR,222) J
363           CALL WRITEG(1,KENN(J),NN,J,K)
374       119 CONTINUE
401       170 IF (EPS.LT..0000001.AND.KB.EQ.2)  GO TO 180
421           J = 7
423           WRITE (IWR,222) J
432           CALL WRITEG(1,1,NN,7,K)
440       180 IF (ABS(DLT).LT..001.AND.KB.EQ.2)  GO TO 190
461           J = 8
463           WRITE (IWR,222) J
472           CALL WRITEG(2,2,NN,7,K)
500       190 CONTINUE
506           DO 199   K = 2,KE
510           DO 199   J = 1,7
512           DO 199   I = 1,20
514       199 A3(I,J,K) = A3(I,J,K)*.001
651           KE = KE-2
556           RETURN
557       201 FORMAT (1H1//5X,$ SCHNITTBELASTUNGEN DER TEILQUERSCHNITTE$,
571           *              $ IN MP BZW. MPM $)
576       202 FORMAT (1H1//5X,$ SPANNUNGEN IN KP/CM2 $)
606       203 FORMAT (1H1//5X,$ DEHNUNGEN IN 0/00 $)
616       210 FORMAT (/24X,$ BETON    STAHLTRAEGER     $,
625           *         $ SCHL. BEW.      SPANNSTAHL $)
634       222 FORMAT (/4X,$ LASTFALL $,I2/)
642           END


REL P
  0           SUBROUTINE WRITEG(ILA,ILE,II,J,K)
 10           COMMON    IRD,IWR
 10           COMMON /LAST/ PN(5),PM(5),A2(10,3),A3(20,7,3)
 10           COMMON /TEXT/ ITX1,ITX2,IT(2)
 10           DO 10   IL = ILA,ILE
 13           IA = (IL-1)*10+1
 20           IB = IA+1
 23           IE = (IL-1)*10+II
 31           WRITE (IWR,201) ITX1,(A3(I,J,K),  I = IA,IE,2)
 64           IF (J.LT.7)  WRITE (IWR,202) IT(IL)
104        10 WRITE (IWR,201) ITX2,(A3(I,J,K),  I = IB,IE,2)
145           RETURN
146       201 FORMAT (10X,A5,X,5F15.6)
152       202 FORMAT (1H+,4X,A5)
156           END


REL P
  0           SUBROUTINE TRALST(KS,KB,KV,KT)
  7           COMMON    IRD,IWR
  7           COMMON /QUER/ NB,NS,NE,NZ,
  7           *             ZB(6),AB(6),BB(6),CB(6),ZS(12),AS(12),BS(12),
  7           *             ZE(6),FE(6),ZZ(4),FZ(4),VZ(4),
  7           *             Z(14),ZSW(11),FLA(11),TRM(11)
  7           COMMON /EPSG/ EB0,EZ0,PHI,EPS,DLT,SBD,SSZ(12),SSD(12),SEF,SZF,E(9)
  7           COMMON /LAST/ PN(5),PM(5),A2(10,3),A3(20,7,3)
  7           COMMON /TRAG/ CHI,CH(3),N0,Z0(16)
  7           COMMON /UMLG/ ABA,RT,YA,YB,QA,DX,X1,X2,E1,E2
```

```
  7              WRITE (IWR,200)
 13              NT1 = KT
 16              NT2 = KT
 21              IF (KT.LT.3)  GO TO 1
 30              NT1 = 1
 32              NT2 = 2
 34            1 V = 1.
 36              IF (CHI.LT.-100.)  V = -1.
 44              NNL = NO
 46              IF (NO.GT.0)  GO TO 10
 54              NNL = 1
 56              DO 2  N = 1,3
 60              Z0(N) = 0.
 67            2 CH(N) = 0.
103              H4 = (Z(14)-Z(13))/400.
107           10 CALL PRIMAR(KS,KB,KV,NT1,NT2)
115           20 DO 100   NN = 1,NNL
117           30 DO 100   NT = NT1,NT2
121              PN1 = 0.
123              PM1 = -PN(1)*(ZSW(3)-ZSW(11))-PN(2)*(ZSW(7)-ZSW(11))
136              NP1 = NT+3
141              DO 31  N = 1,NP1
143              PN1 = PN1+PN(N)
153           31 PM1 = PM1+PM(N)
170              ZNL = Z0(NN)
177              NITER = 1
201              IF (NO.GE.1)  GO TO 50
207           40 CALL NULLIN(NITER,ZNL,V,CH0,IC)
215              IF (IC.EQ.100)  GO TO 90
223              NITER = NITER+1
226           50 CALL RESEPS(ZNL,WI2,NT,V)
233           60 CALL SIGINT(ZNL,WI2,RN,RM,NT)
241           70 IF (NO.GE.1)  GO TO 90
247           80 RNH = (RN-PN1)*H4
253              IF (ABS(RNH).GE..000001)  GO TO 82
261           81 CH0 = 1.
263              IF (RM.LT.PM1)  CH0 = 3.
271              GO TO 40
272           82 CH0 = (RM-PM1)/RNH
276              CH0 = ATAN(CH0)/1.570796326
302              IF (RN.LT.PN1)  CH0 = CH0+2.
311              IF (CH0.LT.0.)  CH0 = CH0+4.
320              IF (CH0.GE.4.)  CH0 = CH0-4.
327              GO TO 40
330           90 CALL TRAOUT(ZNL,WI2,RN,RM,NT,NITER)
337          100 CONTINUE
351          200 FORMAT (1H1)
353              RETURN
354              END

REL P
  0              SUBROUTINE PRIMAR(KS,KB,KV,NT1,NT2)
 10              COMMON /QUER/ NB,NS,NE,NZ,
 10            *              ZB(6),AB(6),BB(6),CB(6),ZS(12),AS(12),BS(12),
 10            *              ZE(6),FE(6),ZZ(4),FZ(4),VZ(4),
 10            *              Z(14),ZSW(11),FLA(11),TRM(11)
 10              COMMON /EPSG/ EB0,EZ0,PHI,EPS,DLT,SBD,SSZ(12),SSD(12),SEF,SZF,E(9)
 10              COMMON /LAST/ PN(5),PM(5),A2(10,3),A3(20,7,3)
 10              COMMON /UMLG/ ABA,RT,YA,YB,QA,DX,X1,X2,E1,E2
 10              NN = NZ+6
 13              DO 1   J = NT1,NT2
 16              DO 1   I = 1,NN
 20            1 A2(I,J) = 0.
 44              IF (NT2.EQ.1.AND.KB.NE.2.AND.KV.EQ.0.AND.ABS(DLT).LT..001)  RETURN
107           10 IF (KS.EQ.2)  CALL UNITAS(KB,0,KV)
121              IF (KS.EQ.2.OR.KB.EQ.1)  CALL CARICO(0,KV)
143           20 DO 21  N = NT1,NT2
146              IT = (N-1)*10
152              DO 21  I = 1,NN
154              IN = IT+I
157              JN = 4+N
162              DO 21  J = 1,JN
164           21 A2(I,N) = A2(I,N)+A3(IN,J,2)
226           30 IF (NT2.EQ.1)  GO TO 40
235              DO 31  I = 1,NN
237           31 A2(I,2) = A2(I,2)+A3(I,7,2)
262           40 IF (ABS(DLT).LT..001)  GO TO 50
```

```
270              DO 41  I = 1,NN
272              IN = I+10
275              DO 41  N = NT1,NT2
300          41 A2(I,N) = A2(I,N)+A3(IN,7,2)
333          50 DO 59  N = NT1,NT2
336              IF (NB.EQ.0)  GO TO 52
344              DO 51  I = 1,2
346          51 A2(I,N) = A2(I,N)/EB0
366          52 DO 53  I = 3,6
370          53 A2(I,N) = A2(I,N)/2100.
410              IF (NZ.EQ.0)  GO TO 59
416              DO 54  I = 7,NN
420          54 A2(I,N) = A2(I,N)/EZ0
R 440        59 CONTINUE
446              RETURN
447              END

REL P
  0              SUBROUTINE NULLIN(NITER,ZNL,V,CH0,IC)
 10              COMMON /QUER/ NB,NS,NE,NZ,
 10          *                ZB(6),AB(6),BB(6),CB(6),ZS(12),AS(12),BS(12),
 10          *                ZE(6),FE(6),ZZ(4),FZ(4),VZ(4),
 10          *                Z(14),ZSW(11),FLA(11),TRM(11)
 10              COMMON /TRAG/ CHI,CH(3),N0,Z0(16)
 10              ZM = (Z(14)+Z(13))/2.
 14              HM = (Z(14)-Z(13))/2.
 20              IF (NITER.EQ.1)  GO TO 21
 27          10 CH0 = CH0-CHI
 34              IF (CH0.GT.2.)  CH0 = CH0-4.
 46              IF (CH0.LT.-2.)  CH0 = CH0+4.
 60              IF (ABS(CH0).GE..00001.AND.NITER.LT.100)  GO TO 11
101              IC = 100
104              CH0 = CH0+CHI
111              IF (CH0.GE.4.)  CH0 = CH0-4.
123              IF (CH0.LT.0.)  CH0 = CH0+4.
135              CH(3) = CH0
140              RETURN
141          11 IF (NITER-5)  20,33,30
150          20 CH(1) = CH(2)
152              CH(2) = CH0
155              IF (CH0.GE.0.)  GO TO 25
163          21 IC0 = IFIX(CHI+.5)+NITER-2
174              IF (IC0.LT.0)  IC0 = IC0+4
204              IF (IC0.GE.4)  IC0 = IC0-4
214              IC1 = (-1)**IC0
220              IC = IC0-1
224              IF (IC.LT.0)  IC = IC+4
237              GO TO (24,23,23,22),NITER
246          22 ZNL = -10000000.
251              IC = 100
254              CH(3) = -9.9999
256              RETURN
257          23 Z0(1) = Z0(2)
261          24 Z0(2) = 1.570796326*IC1
265              ZNL = ZM+HM*IC1
273              V = -FLOAT(IC1)
301              IF (IC0.GE.2)  V = FLOAT(IC1)
312              RETURN
313          25 NITER = 4
316              Z0(3) = (Z0(1)*CH(2)-Z0(2)*CH(1))/(CH(2)-CH(1))
331              Z0(4) = Z0(3)
333              GO TO 50
334          30 IF (CH(3)*CH(2).GT.0.)  GO TO 32
342          31 CH(1) = CH(3)
344              Z0(1) = Z0(3)
346              GO TO 33
347          32 CH(2) = CH(3)
351              Z0(2) = Z0(3)
353          33 CH(3) = CH0
356              Z0(3) = Z0(4)
360          40 CALL QINTER
361          50 TAU = Z0(4)/2.
364              IF (IC.EQ.0.OR.IC.EQ.2)  TAU = 1.570796326-TAU
406              IF (ABS(ABS(TAU)-1.570796326).LT..0000001)  GO TO 51
420              ZNL = ZM+HM*TAN(TAU)
426              GO TO 60
427          51 ZNL = 10000000.
432          60 V = 1.
435              IF (IC.EQ.0.AND.ZNL.GT.ZM)  V = -1.
```

```
460          IF (IC.EQ.2.AND.ZNL.LT.ZM)   V = -1.
503          IF (IC.EQ.3)   V = -1.
514          RETURN
515          END

REL P
  0          SUBROUTINE QINTER
  1          COMMON /TRAG/ CHI,CH(3),NO,ZO(16)
  1        1 Z1 = ZO(3)-ZO(2)
  4          Z2 = ZO(1)-ZO(3)
  7          Z3 = ZO(2)-ZO(1)
 12        2 A = (CH(1)*Z1+CH(2)*Z2+CH(3)*Z3)/
 12          *       (ZO(1)**2*Z1+ZO(2)**2*Z2+ZO(3)**2*Z3)
 47          B = (CH(2)-CH(1))/Z3-(ZO(2)+ZO(1))*A
 60          C = CH(1)-ZO(1)**2*A-ZO(1)*B
 74        3 D = B*B-4.*A*C
104          IF (D.LT.0..OR.ABS(A).LT..0000001)   GO TO 7
123        4 A = A*2.
126          D = SQRT(D)
131          Z1 = (-B+D)/A
135          Z2 = (-B-D)/A
143          IF ((Z1-ZO(1))*(Z1-ZO(2)).GT.0.)   GO TO 6
155        5 ZO(4) = Z1
157          RETURN
160        6 ZO(4) = Z2
162          RETURN
163        7 ZO(4) = (ZO(3)*CH(2)-ZO(2)*CH(3))/(CH(2)-CH(3))
176          RETURN
177          END

REL P
  0          SUBROUTINE RESEPS(ZNL,WI2,NT,V)
  7          COMMON /QUER/ NB,NS,NE,NZ,
  7          *            ZB(6),AB(6),BB(6),CB(6),ZS(12),AS(12),BS(12),
  7          *            ZE(6),FE(6),ZZ(4),FZ(4),VZ(4),
  7          *            Z(14),ZSW(11),FLA(11),TRM(11)
  7          COMMON /EPSG/ EBO,EZO,PHI,EPS,DLT,SBD,SSZ(12),SSD(12),SEF,SZF,E(9)
  7          COMMON /LAST/ PN(5),PM(5),A2(10,3),A3(20,7,3)
  7          COMMON /TRAG/ CHI,CH(3),NO,ZO(16)
  7          DIMENSION DE(22),DZ(12),Y(22)
  7       10 DO 11  I = 1,22
 11       11 Y(I) = 10000.*V
 27          WI2 = 10000.*V
 34       20 DO 21  I = 1,12
 36       21 DZ(I) = Z(I)-ZNL
 61       30 DO 31  I = 1,5,2
 63          I1 = I*2-1
 67          DE(I1) = E(I)-A2(I,NT)
114          DE(I1+1) = E(I+1)-A2(I,NT)
141          DE(I1+2) = E(I)-A2(I+1,NT)
166       31 DE(I1+3) = E(I+1)-A2(I+1,NT)
220          IF (A2(3,NT).LE.E(4))   DE(6) = -.0000001
235          IF (NZ.EQ.0)   GO TO 33
243          DO 32  I = 1,NZ
245          I1 = I*2+11
251          DE(I1) = E(7)-A2(I+6,NT)
271       32 DE(I1+1) = E(8)-A2(I+6,NT)
316       33 IF (NB.EQ.0)   GO TO 40
324          DE(21) = (A2(2,NT)-A2(1,NT))/(Z(2)-Z(1))
347          AGO = A2(1,NT)+(Z(11)-Z(1))*DE(21)
363          AGU = A2(1,NT)+(Z(12)-Z(1))*DE(21)
377          DE(21) = E(9)-AGO
402          DE(22) = E(9)-AGU
405       40 NN = NZ+6
410          DO 41  I = 1,NN
412          IF (ABS(DZ(I)).LT..000001)   GO TO 41
424          I1 = I*2
427          Y(I1-1) = DE(I1-1)/DZ(I)
451          Y(I1) = DE(I1)/DZ(I)
473       41 CONTINUE
500          DO 42  I = 11,12
502          IF (ABS(DZ(I)).GE..0000001)   Y(I+10) = DE(I+10)/DZ(I)
534       42 CONTINUE
541       50 DO 51  I = 1,22
543          YV = Y(I)*V
554          WV = WI2*V
561          IF (YV.LE.0..OR.YV.GE.WV)   GO TO 51
577          WI2 = Y(I)
607       51 CONTINUE
```

```
  614              RETURN
  615              END

REL P
    0              SUBROUTINE SIGINT(ZNL,WI2,RN,RM,NT)
   10              COMMON /QUER/ NB,NS,NE,NZ,
   10      *                     ZB(6),AB(6),BB(6),CB(6),ZS(12),AS(12),BS(12),
   10      *                     ZE(6),FE(6),ZZ(4),FZ(4),VZ(4),
   10      *                     Z(14),ZSW(11),FLA(11),TRM(11)
   10              COMMON /EPSG/ EB0,EZ0,PHI,EPS,DLT,SBD,SSZ(12),SSD(12),SEF,SZF,E(9)
   10              COMMON /LAST/ PN(5),PM(5),A2(10,3),A3(20,7,3)
   10              COMMON /TRAG/ CHI,CH(3),N0,Z0(16)
   10           10 RNB = 0.
   12              RMB = 0.
   14              RNS = 0.
   16              RMS = 0.
   20              RNE = 0.
   22              RME = 0.
   24              RNZ = 0.
   26              RMZ = 0.
   30           11 IF (NB.EQ.0)  GO TO 12
   36              WB1 = (A2(2,NT)-A2(1,NT))/(Z(2)-Z(1))
   61              EB1 = A2(1,NT)+(ZNL-Z(1))*WB1
   76              WBR = WB1+WI2
  102              ZB0 = ZNL-EB1/WBR
  111           12 IF (NS.EQ.0)  GO TO 20
  117              WS1 = (A2(4,NT)-A2(3,NT))/(Z(4)-Z(3))
  142              ES1 = A2(3,NT)+(ZNL-Z(3))*WS1
  167              WSR = WS1+WI2
  163              ZS0 = ZNL-ES1/WSR
  172           20 IF (NB.GT.0)  CALL TRABET(ZB0,WBR,RNB,RMB)
  204              IF (NS.GT.0)  CALL TRASTA(ZS0,WSR,RNS,RMS)
  216              IF (NE.GT.0)  CALL TRAEIS(ZB0,WBR,RNE,RME)
  230              IF (NZ.GT.0)  CALL TRAZUG(ZNL,WI2,RNZ,RMZ,NT)
  243           30 RN = RNB+RNS+RNE+RNZ
  251              RM = RMB+RMS+RME+RMZ-RN*ZSW(11)/100.
  265              RETURN
  266              END

REL P
    0              SUBROUTINE TRABET(ZB0,WBR,RNB,RMB)
    7              COMMON /QUER/ NB,NS,NE,NZ,
    7      *                     ZB(6),AB(6),BB(6),CB(6),ZS(12),AS(12),BS(12),
    7      *                     ZE(6),FE(6),ZZ(4),FZ(4),VZ(4),
    7      *                     Z(14),ZSW(11),FLA(11),TRM(11)
    7              COMMON /EPSG/ EB0,EZ0,PHI,EPS,DLT,SBD,SSZ(12),SSD(12),SEF,SZF,E(9)
    7              V = WBR/ABS(WBR)
   16              VP = (1.+V)/2.
   22              VN = (1.-V)/2.
   26            1 DZ = .0035/WBR
   32              Z35 = ZB0-DZ
   36              RNB = 0.
   41              RMB = 0.
   44              DO 10  N = 1,NB
   46              Z0 = ZB(N)-Z35
   56              ZU = Z0+AB(N)
   66              ZZ1 = Z0*VP-ZU*VN
   75              ZZ2 = ZU*VP-Z0*VN
  104              IF (ZZ1.GE.DZ*V.OR.ZZ2.LE.0.)  GO TO 10
  123              DB = BB(N)+(BB(N)-CB(N))*Z0/AB(N)*V
  151              IF (ABS(DB).GE..001)  GO TO 2
  157              WBR = WBR*1.0001
  164              GO TO 1
  165            2 P1 = CB(N)/DB
  175              P2 = BB(N)/DB
  205              IF (ZZ1.LT.0.)  ZZ1 = 0.
  213              Z0 = ZZ1*VP-ZZ2*VN
  222              ZU = ZZ2*VP-ZZ1*VN
  231              Z1 = 0.
  233              Z2 = 0.
  235              IF (ZU*V.GT..000001)  Z1 = DZ/ZU
  245              IF (Z0*V.GT..000001)  Z2 = DZ/Z0
  255              DNB = (ZU*VB(Z1,P1)-Z0*VB(Z2,P2))*DB*SBD
  272              DMB = ((ZU*ZU*SB(Z1,P1)-Z0*Z0*SB(Z2,P2))*DB*SBD+DNB*Z35)*.01
  322              RNB = RNB+DNB
  327              RMB = RMB+DMB
  334           10 CONTINUE
  341              RETURN
  342              END
```

```
REL P
   0             SUBROUTINE TRASTA(ZS0,WSR,RNS,RMS)
   7             COMMON /QUER/ NB,NS,NE,NZ,
   7            *              ZB(6),AB(6),BB(6),CB(6),ZS(12),AS(12),BS(12),
   7            *              ZE(6),FE(6),ZZ(4),FZ(4),VZ(4),
   7            *              Z(14),ZSW(11),FLA(11),TRM(11)
   7             COMMON /EPSG/ EB0,EZ0,PHI,EPS,DLT,SBD,SSZ(12),SSD(12),SEF,SZF,E(9)
   7             V = WSR/ABS(WSR)
  16             VP = (1.+V)/2.
  22             VN = (1.-V)/2.
  26             DO 10  N = 1,NS
  30             Z0 = ZS(N)
  37             ZU = Z0+AS(N)
  47             ZSZ = ZS0+SSZ(N)/WSR/2100.
  63             ZSD = ZS0+SSD(N)/WSR/2100.
  77             Z1 = ZSD*VP+ZSZ*VN
 106             Z2 = ZSZ*VP+ZSD*VN
 115             A = (SSD(N)/SSZ(N))*VP+(SSZ(N)/SSD(N))*VN
 142             S = SSZ(N)*VP+SSD(N)*VN
 163             DNS = (VS(ZU,Z1,Z2,A)-VS(Z0,Z1,Z2,A))*BS(N)*S
 207             DMS = (SS(ZU,Z1,Z2,A)-SS(Z0,Z1,Z2,A))*BS(N)*S*.01
 234             RNS = RNS+DNS
 241          10 RMS = RMS+DMS
 253             RETURN
 254             END

REL P
   0             SUBROUTINE TRAEIS(ZE0,WER,RNE,RME)
   7             COMMON /QUER/ NB,NS,NE,NZ,
   7            *              ZB(6),AB(6),BB(6),CB(6),ZS(12),AS(12),BS(12),
   7            *              ZE(6),FE(6),ZZ(4),FZ(4),VZ(4),
   7            *              Z(14),ZSW(11),FLA(11),TRM(11)
   7             COMMON /EPSG/ EB0,EZ0,PHI,EPS,DLT,SBD,SSZ(12),SSD(12),SEF,SZF,E(9)
   7             DO 10  N = 1,NE
  11             SE = (ZE(N)-ZE0)*WER*2100.
  25             IF (SE.GT.SEF)  SE = SEF
  33             IF (SE.LT.-SEF)  SE = -SEF
  43             DNE = FE(N)*SE
  53             DME = DNE*ZE(N)*.01
  64             RNE = RNE+DNE
  71          10 RME = RME+DME
 103             RETURN
 104             END

REL P
   0             SUBROUTINE TRAZUG(ZZ0,WZR,RNZ,RMZ,NT)
  10             COMMON /QUER/ NB,NS,NE,NZ,
  10            *              ZB(6),AB(6),BB(6),CB(6),ZS(12),AS(12),BS(12),
  10            *              ZE(6),FE(6),ZZ(4),FZ(4),VZ(4),
  10            *              Z(14),ZSW(11),FLA(11),TRM(11)
  10             COMMON /EPSG/ EB0,EZ0,PHI,EPS,DLT,SBD,SSZ(12),SSD(12),SEF,SZF,E(9)
  10             COMMON /LAST/ PN(5),PM(5),A2(10,3),A3(20,7,3)
  10             DO 10  N = 1,NZ
  12             SZ = ((ZZ(N)-ZZ0)*WZR+A2(N+6,NT))*EZ0
  37             IF (SZ.GT.SZF)  SZ = SZF
  45             IF (SZ.LT.-SZF)  SZ = -SZF
  55             DNZ = FZ(N)*SZ
  65             DMZ = DNZ*ZZ(N)*.01
  76             RNZ = RNZ+DNZ
 103          10 RMZ = RMZ+DMZ
 115             RETURN
 116             END

REL P
   0             SUBROUTINE TRAOUT(ZNL,WI2,RN,RM,NT,NITER)
  11             COMMON    IRD,IWR
  11             COMMON /QUER/ NB,NS,NE,NZ,
  11            *              ZB(6),AB(6),BB(6),CB(6),ZS(12),AS(12),BS(12),
  11            *              ZE(6),FE(6),ZZ(4),FZ(4),VZ(4),
  11            *              Z(14),ZSW(11),FLA(11),TRM(11)
  11             COMMON /LAST/ PN(5),PM(5),A2(10,3),A3(20,7,3)
  11             COMMON /TRAG/ CHI,CH(3),NO,Z0(16)
  11             WRITE (IWR,200)
  15             IF (NT.EQ.1)  WRITE (IWR,201)
  27             IF (NT.EQ.2)  WRITE (IWR,202)
  41             NN = NZ+6
  44             DO 1  I = 1,NN
```

```
  46       1 A2(I,3) = A2(I,NT)*1000.
  73         WRITE (IWR,210) (A2(I,3),  I = 1,NN)
 115         WRITE (IWR,220)
 121         IF (ABS(ZNL).LT.1000000.)  WRITE (IWR,221) ZNL
 135         IF (ZNL.GE. 1000000.)  WRITE (IWR,222)
 146         IF (ZNL.LE.-1000000.)  WRITE (IWR,223)
 157         WRITE (IWR,224) WI2
 166         WRITE (IWR,230) RN,RM
 200         IF (NO.GT.0)  GO TO 2
 206         WRITE (IWR,240) CHI,CH(3),NITER
 223         RETURN
 224       2 WRITE (IWR,250)
 230         RETURN
 231     200 FORMAT (////5X,$ BERECHNUNG DER GRENZTRAGFAEHIGKEIT FUER $)
 244     201 FORMAT (1H+,45X,$ T = 0 $)
 251     202 FORMAT (1H+,45X,$ T = UNENDLICH $)
 260     210 FORMAT (///5X,$ PRIMAERDEHNUNGEN IN 0/00 $/
 270       1         /9X,$ BETON             $,2F15.4
 276       2         /9X,$ STAHLTRAEGER      $,2F15.4
 304       3         /9X,$ SCHLAFFE BEWRG.   $,2F15.4
 312       4         /9X,$ SPANNSTAHL        $,4F15.4)
 322     220 FORMAT (///5X,$ SEKUNDAERZUSTAND $/)
 331     221 FORMAT (9X,$ NULLINIE          ZNL = $,F12.3,$ CM $)
 343     222 FORMAT (9X,$ NULLINIE          ZNL = +UNENDLICH $)
 354     223 FORMAT (9X,$ NULLINIE          ZNL = -UNENDLICH $)
 365     224 FORMAT (9X,$ KRUEMMUNG         WI2 = $,E16.6,$ 1/CM $)
 377     230 FORMAT (///5X,$ NORMALKRAFT      RN = $,F12.4,$ MP $
 410       *          /5X,$ BIEGEMOMENT      RM = $,F12.4,$ MPM $)
 421     240 FORMAT (/5X,$ CHI(GEFORDERT) = $F8.4
 427       *         /5X,$ CHI(ERREICHT)  = $,F8.4,
 435       *             $ ($,I3,$ ITERATIONSSCHRITTE )$/)
 445     250 FORMAT (///)
 447         END


REL P
   0         FUNCTION VB(Z,P)
   5         Q = P
  10         ZZ = Z*Z
  15         IF (Z.GE.7./3.)  GO TO 3
  24         IF (Z.GT.1.)  GO TO 2
  32       1 Q = 1.+Z*(P-1.)
  41         VB = (99.*Q+139.)*Z/294.
  50         RETURN
  52       2 VB = (27./196.*(Q-1.)*ZZ+9./7.*Z+3.5*(Q+1.)
  52       *     +14.*(Q+.5)/Z-12.25*(Q+1./3.)/ZZ)/16.
 114         RETURN
 115       3 VB = (Q+1.)/2.
 121         RETURN
 122         END


REL P
   0         FUNCTION SB(Z,P)
   5         Q = P
  10         ZZ = Z*Z
  15         ZZZ = ZZ*Z
  21         IF (Z.GE.7./3.)  GO TO 3
  30         IF (Z.GT.1.)  GO TO 2
  36       1 Q = 1.+Z*(P-1.)
  45         SB = (1966.*Q+1499.)*ZZ/10290.
  53         RETURN
  55       2 SB = (81./3430.*(Q-1.)*ZZZ+27./196.*ZZ+7./3.*(Q+.5)
  55       *     +10.5*(Q+1./3.)/Z-9.8*(Q+.25)/ZZ)/16.
 121         RETURN
 122       3 SB = (Q+.5)/3.
 126         RETURN
 127         END


REL P
   0         FUNCTION VS(Z,Z1,Z2,A)
   7         ZZ = Z*Z
  14         IF (Z.GE.Z2)  GO TO 3
  23         IF (Z.GT.Z1)  GO TO 2
  32       1 VS = Z*A
  37         RETURN
  41       2 VS = ((1.-A)*ZZ+2.*(A*Z2-Z1)*Z+(1.-A)*Z1**2)/(Z2-Z1)/2.
 102         RETURN
 103       3 VS = Z-(1.-A)*(Z1+Z2)/2.
 122         RETURN
 123         END
```

```
REL P
   0              FUNCTION SS(Z,Z1,Z2,A)
   7              ZZ = Z*Z
  14              ZZZ = ZZ*Z
  20              IF (Z.GE.Z2)   GO TO 3
  27              IF (Z.GT.Z1)   GO TO 2
  36            1 SS = ZZ*A/2.
  43              RETURN
  45            2 SS = (2.*(1.-A)*ZZZ+3.*(A*Z2-Z1)*ZZ+(1.-A)*Z1**3)/(Z2-Z1)/6.
 106              RETURN
 107            3 SS = ZZ/2.-(1.-A)*(Z1**2+Z1*Z2+Z2**2)/6.
 142              RETURN
 143              END
```

```
****************
*              *
*  C O N M I X *
*              *
****************
```

TEST CONMIX -- ZAHLENBEISPIELE 5 UND 7 (NACH ABSCHNITT III.A.11)

GRAZ, MAI 1976

* * *

2 QUERSCHNITTE

Q U E R S C H N I T T   N R.   5
****

GEOMETRIE DES QUERSCHNITTS

BETON	ZB(CM)	AB(CM)	BB(CM)	CB(CM)		ZB(CM)	AB(CM)	BB(CM)	CB(CM)
	.00	25.00	400.00	400.00					

ST.-TR.	ZS(CM)	AS(CM)	BS(CM)		ZS(CM)	AS(CM)	BS(CM)
	25.00	2.00	40.00		27.00	200.00	1.40
	227.00	8.00	60.00				

```
E-MODUL (BETON)      EBO =    340.0 MP/CM2
KRIECHZAHL           PHI =      2.000
SCHWINDMASS          EPS =       .000200
UNGL. ERWAERMUNG     DLT =       .0 GRAD
```

DEHNUNGSBESCHRAENKUNGEN IN 0/00

  2 -3.500   7 5.000

GRENZ- BZW. FLIESSSPANNUNGEN IN MP/CM2

```
    BETON  -.210
    STAHLTRAEGERTEILE
  1   2.400 / -2.400  2   2.400 / -2.400  3   2.400 / -2.400
```

```
QUERSCHNITTSWERTE        SCHWERLINIE        FLAECHE      TRAEGHEITSM.
                            (CM)            (CM2)           (CM4)

              1           12.5000        10000.000        520833.33
              2           12.5000         1619.048         84325.40
              3          176.8095          840.000       4859649.52
              4             .0000             .000             .00
              5             .0000             .000             .00
              6             .0000             .000             .00
              7           68.6274         2459.048      19875268.81
              8          176.8095          840.000       4859649.52
              9           12.5000         1619.048         84325.40
             10           12.5000         1619.048         84325.40
             11           68.6274         2459.048      19875268.81
```

SCHNITTBELASTUNGEN DER TEILQUERSCHNITTE IN MP BZW. MPM

```
                   BETON      STAHLTRAEGER     SCHL. BEW.      SPANNSTAHL

LASTFALL   1

N = 1    N        .000000       1.000000        .000000        .000000
         M        .000000        .000000        .000000        .000000
M = 1    N        .000000        .000000        .000000        .000000
         M        .000000       1.000000        .000000        .000000
LASTFALL   4

N = 1    N        .658404        .341596        .000000        .000000
         M        .000000        .000000        .000000        .000000
M = 1    N       -.457216        .457216        .000000        .000000
         M        .004243        .244507        .000000        .000000

LASTFALL   5

N = 1    N       -.102183        .102183        .000000        .000000
         M       -.001218       -.166679        .000000        .000000
M = 1    N        .069452       -.069452        .000000        .000000
         M       -.002815        .116931        .000000        .000000

LASTFALL   6

N = 1    N       -.052624        .052624        .000000        .000000
         M       -.000837       -.085628        .000000        .000000
M = 1    N        .035508       -.035508        .000000        .000000
         M       -.001821        .060163        .000000        .000000

LASTFALL   7

         N      52.767510      -52.767510        .000000        .000000
         M        .629128       86.072917        .000000        .000000

LASTFALL   8
         N        .000000        .000000        .000000        .000000
         M        .000000        .000000        .000000        .000000
```

SPANNUNGEN IN KP/CM2

```
                   BETON      STAHLTRAEGER     SCHL. BEW.      SPANNSTAHL

LASTFALL   1

N = 1    OK       .000000       1.190476        .000000
         UK       .000000       1.190476        .000000
M = 1    OK       .000000      -3.123878        .000000
         UK       .000000       1.197421        .000000

LASTFALL   4

N = 1    OK       .065840        .406662        .000000
         UK       .065840        .406662        .000000
M = 1    OK      -.055904       -.219506        .000000
         UK      -.035539        .837083        .000000
```

LASTFALL 5

N = 1	OK	-.007294	.642331	.000000
	UK	-.013142	-.077938	.000000
M = 1	OK	.013701	-.447960	.000000
	UK	.000189	.057335	.000000

LASTFALL 6

N = 1	OK	-.003254	.330140	.000000
	UK	-.007271	-.039886	.000000
M = 1	OK	.007920	-.230215	.000000
	UK	-.000819	.029770	.000000

LASTFALL 7

	OK	3.766843	-331.699759	.000000
	UK	6.786659	40.247075	.000000

LASTFALL 8

	OK	.000000	.000000	.000000
	UK	.000000	.000000	.000000

DEHNUNGEN IN 0/00

LASTFALL 1

		BETON	STAHLTRAEGER	SCHL. BEW.	SPANNSTAHL
N = 1	OK	.000000	.000567	.000000	
	UK	.000000	.000567	.000000	
M = 1	OK	.000000	-.001488	.000000	
	UK	.000000	.000570	.000000	

LASTFALL 4

		BETON	STAHLTRAEGER	SCHL. BEW.
N = 1	OK	.000194	.000194	.000000
	UK	.000194	.000194	.000000
M = 1	OK	-.000164	-.000105	.000000
	UK	-.000105	.000399	.000000

LASTFALL 5

		BETON	STAHLTRAEGER	SCHL. BEW.
N = 1	OK	.000347	.000306	.000000
	UK	.000306	-.000037	.000000
M = 1	OK	-.000242	-.000213	.000000
	UK	-.000213	.000027	.000000

LASTFALL 6

		BETON	STAHLTRAEGER	SCHL. BEW.
N = 1	OK	.000178	.000157	.000000
	UK	.000157	-.000019	.000000
M = 1	OK	-.000124	-.000110	.000000
	UK	-.000110	.000014	.000000

LASTFALL 7

		BETON	STAHLTRAEGER	SCHL. BEW.
	OK	-.179038	-.157952	.000000
	UK	-.157952	.019165	.000000

LASTFALL 8

		BETON	STAHLTRAEGER	SCHL. BEW.
	OK	.000000	.000000	.000000
	UK	.000000	.000000	.000000

BERECHNUNG DER GRENZTRAGFAEHIGKEIT FUER $T = 0$

PRIMAERDEHNUNGEN IN 0/00

      BETON   .0000   .0000
      STAHLTRAEGER   .0000   .0000
      SCHLAFFE BEWRG.   .0000   .0000
      SPANNSTAHL

SEKUNDAERZUSTAND

      NULLINIE   ZNL =   26.640 CM
      KRUEMMUNG   WI2 =   0.131384-003 1/CM

NORMALKRAFT   RN =   -.7328 MP
BIEGEMOMENT   RM =   3310.3876 MPM

CHI(GEFORDERT) =   1.0000
CHI(ERREICHT) =   1.0001   (11 ITERATIONSSCHRITTE)

                  Q U E R S C H N I T T N R.   7
                  ****

      GEOMETRIE DES QUERSCHNITTS

BETON   ZB(CM)   AB(CM)   BB(CM)   CB(CM)   ZB(CM)   AB(CM)   BB(CM)   CB(CM)
            .00   12.20   200.00   200.00   12.20   97.60   40.00   40.00
          109.80   12.20   200.00   200.00

SP.-ST.   ZZ(CM)   FZ(CM2)   VSP.-KR.(MP)   ZZ(CM)   FZ(CM2)   VSP.-KR.(MP)
          115.90   80.00   627.20

      E-MODUL (BETON)   EB0 =   340.0 MP/CM2
      KRIECHZAHL   PHI =   2.000
      SCHWINDMASS   EPS =   .000200
      E-MODUL (SPST.)   EZ0 =   2050.0 MP/CM2

      VORGEGEBENE BELASTUNGEN

N   .000   .000   .000   .000   .000
M   .000   200.000   .000   .000   .000

      DEHNUNGSBESCHRAENKUNGEN IN 0/00

      2 -3.500   7 5.000

      GRENZ- BZW. FLIESSSPANNUNGEN IN MP/CM2

           BETON -.210   SPANNST. 12.500

      QUERSCHNITTSWERTE   SCHWERLINIE   FLAECHE   TRAEGHEITSM.
                                    (CM)   (CM2)   (CM4)

                       1   61.0000   8784.000   17867944.32
                       2   61.0000   1422.171   2892905.27
                       3   .0000   .000   .00
                       4   .0000   .000   .00
                       5   115.9000   80.000   .00
                       6   115.9000   78.095   .00
                       7   61.0000   1422.171   2892905.27
                       8   115.9000   78.095   .00
                       9   61.0000   1422.171   2892905.27
                      10   63.8578   1500.267   3116032.58
                      11   63.8578   1500.267   3116032.58

SCHNITTBELASTUNGEN DER TEILQUERSCHNITTE IN MP BZW. MPM

		BETON	STAHLTRAEGER	SCHL. BEW.	SPANNSTAHL
LASTFALL 2					
T = 0	N	.000000	.000000	.000000	.000000
	M	200.000000	.000000	.000000	.000000
T = U	N	-46.386625	.000000	.000000	46.386625
	M	174.533743	.000000	.000000	.000000
LASTFALL 3					
T = 0	N	-627.200000	.000000	.000000	627.200000
	M	-344.332800	.000000	.000000	.000000
T = U	N	-493.439062	.000000	.000000	493.439062
	M	-270.898045	.000000	.000000	.000000
LASTFALL 4					
T = 0	N	.000000	.000000	.000000	.000000
	M	.000000	.000000	.000000	.000000
LASTFALL 5					
T = 0	N	.000000	.000000	.000000	.000000
	M	.000000	.000000	.000000	.000000
T = U	N	.000000	.000000	.000000	.000000
	M	.000000	.000000	.000000	.000000
LASTFALL 6					
T = 0	N	.000000	.000000	.000000	.000000
	M	.000000	.000000	.000000	.000000
T = U	N	.000000	.000000	.000000	.000000
	M	.000000	.000000	.000000	.000000
LASTFALL 7					
	N	25.665158	.000000	.000000	-25.665158
	M	14.090172	.000000	.000000	.000000

SPANNUNGEN IN KP/CM2

		BETON	STAHLTRAEGER	SCHL. BEW.	SPANNSTAHL
LASTFALL 2					
T = 0	OK	-68.278699	.000000	.000000	.000000
	UK	68.278699	.000000	.000000	
T = U	OK	-64.865494	.000000	.000000	579.832808
	UK	54.303876	.000000	.000000	
LASTFALL 3					
T = 0	OK	46.150429	.000000	.000000	7840.000000
	UK	-188.955529	.000000	.000000	
T = U	OK	36.308074	.000000	.000000	6167.988273
	UK	-148.657588	.000000	.000000	
LASTFALL 4					
T = 0	OK	.000000	.000000	.000000	.000000
	UK	.000000	.000000	.000000	
LASTFALL 5					
T = 0	OK	.000000	.000000	.000000	.000000
	UK	.000000	.000000	.000000	
T = U	OK	.000000	.000000	.000000	.000000
	UK	.000000	.000000	.000000	
LASTFALL 6					
T = 0	OK	.000000	.000000	.000000	.000000
	UK	.000000	.000000	.000000	

```
T = U   OK      .000000        .000000        .000000       .000000
        UK      .000000        .000000        .000000
```

LASTFALL 7

```
        OK    -1.888485        .000000        .000000     -320.814473
        UK     7.732101        .000000        .000000
```


DEHNUNGEN IN 0/00

	BETON	STAHLTRAEGER	SCHL. BEW.	SPANNSTAHL

LASTFALL 2

```
T = 0   OK     -.200820        .000000        .000000       .000000
        UK      .200820        .000000        .000000
T = U   OK     -.581980        .000000        .000000       .282845
        UK      .518613        .000000        .000000
```

LASTFALL 3
```
T = 0   OK      .135737        .000000        .000000      3.824390
        UK     -.555752        .000000        .000000
T = U   OK      .348157        .000000        .000000      3.008775
        UK    -1.425474        .000000        .000000
```

LASTFALL 4

```
T = 0   OK      .000000        .000000        .000000       .000000
        UK      .000000        .000000        .000000
```

LASTFALL 5

```
T = 0   OK      .000000        .000000        .000000       .000000
        UK      .000000        .000000        .000000
T = U   OK      .000000        .000000        .000000       .000000
        UK      .000000        .000000        .000000
```

LASTFALL 6

```
T = 0   OK      .000000        .000000        .000000       .000000
        UK      .000000        .000000        .000000
T = U   OK      .000000        .000000        .000000       .000000
        UK      .000000        .000000        .000000
```

LASTFALL 7

```
        OK     -.211331        .000000        .000000      -.156495
        UK     -.153609        .000000        .000000
```


BERECHNUNG DER GRENZTRAGFAEHIGKEIT FUER T = 0

PRIMAERDEHNUNGEN IN 0/00

```
        BETON               -.0651       -.3549
        STAHLTRAEGER         .0000        .0000
        SCHLAFFE BEWRG.      .0000        .0000
        SPANNSTAHL          3.8244
```


SEKUNDAERZUSTAND

```
        NULLINIE      ZNL =      73.790 CM
        KRUEMMUNG     WI2 =   0.465502-004 1/CM
```


```
        NORMALKRAFT   RN =       -.0132 MP
        BIEGEMOMENT   RM =    896.9572 MPM

        CHI(GEFORDERT) =    1.0000
        CHI(ERREICHT)  =    1.0000   (  9 ITERATIONSSCHRITTE )
```

BERECHNUNG DER GRENZTRAGFAEHIGKEIT FUER T = UNENDLICH

PRIMAERDEHNUNGEN IN 0/00

       BETON   -.0895   -.2548
       STAHLTRAEGER   .0000   .0000
       SCHLAFFE BEWRG.   .0000   .0000
       SPANNSTAHL   3.1351

SEKUNDAERZUSTAND

       NULLINIE   ZNL =   68.499 CM
       KRUEMMUNG   WI2 =   0.497881-004 1/CM

NORMALKRAFT   RN =   -.1143 MP
BIEGEMOMENT   RM =   871.8477 MPM

CHI(GEFORDERT) =   1.0000
CHI(ERREICHT) =   1.0000   (8 ITERATIONSSCHRITTE)

Druck: Novographic, Ing. Wolfgang Schmid, A-1230 Wien.